JIANZHU GONGCHENG

建筑工程快速识图丛书

KUAISU SHITU CONGSHU

第三版

李亚峰　叶友林　等编著

建筑给水排水施工图识读

JIANZHU JISHUI PAISHUI
SHIGONGTU SHIDU

U0234767

化学工业出版社

·北京·

本书主要介绍建筑给水排水工程施工图的识读方法。主要包括建筑给水排水工程制图要求、建筑给水排水工程总平面图的识读、建筑给水排水工程平面图的识读、建筑给水排水工程系统图的识读、建筑中水处理工程施工图识读等内容，并对建筑给水排水工程常见详图及卫生设备安装详图做了较详细介绍。

本书可供从事建筑给水排水工程施工、监理以及相关工程技术人员使用，也可以作为给水排水工程及相关专业大中专院校学生的教学参考书。

图书在版编目（CIP）数据

建筑给水排水施工图识读/李亚峰，叶友林等编著．—3版．

北京：化学工业出版社，2015.11（2023.2重印）

（建筑工程快速识图丛书）

ISBN 978-7-122-25456-6

Ⅰ．①建… Ⅱ．①李…②叶… Ⅲ．①给排水系统-工程施工-工程制图-识别 Ⅳ．①TU82

中国版本图书馆CIP数据核字（2015）第250206号

责任编辑：左晨燕

责任校对：边　涛　　　　　　　　　　　装帧设计：史利平

出版发行：化学工业出版社（北京市东城区青年湖南街13号　邮政编码100011）

印　　装：北京建宏印刷有限公司

787mm×1092mm　1/16　印张12¾　字数310千字　2023年2月北京第3版第11次印刷

购书咨询：010-64518888　　　　　　售后服务：010-64518899

网　　址：http://www.cip.com.cn

凡购买本书，如有缺损质量问题，本社销售中心负责调换。

定　　价：45.00元

第三版前言

《建筑给水排水施工图识读》自 2009 年 1 月第一版出版以来，深受读者的欢迎，并于 2012 年出版了第二版。为了能更好地满足读者的需求，对第二版书的内容又进行了调整、完善和补充。

本书是在《建筑给水排水施工图识读（第二版）》的基础上，按照《建筑给水排水制图标准》（GB/T 50106—2010）、《建筑给水排水设计规范》（GB 50015—2003）（2009 年版）、《消防给水及消火栓系统技术规范》（GB 50974—2014）、《建筑设计防火规范》（GB 50016—2014）以及其他相关技术规范和标准的技术要求编写的。与第二版相比，《建筑给水排水施工图识读（第三版）》的内容更加丰富，而且完全按新规范要求编写；插图也进行了调整，更加便于识读，更加贴近工程实际。

全书共八章，第一章主要介绍建筑给水工程、建筑排水工程、建筑消防给水工程、建筑热水供应工程、居住小区给水排水工程、建筑中水工程等基本知识；第二章主要介绍建筑给水排水施工图的基本知识、主要内容、识读程序、常用图例和符号等；第三章主要介绍建筑给水排水施工图图纸目录、设计总说明和主要设备材料表等；第四章主要介绍建筑给水排水总平面图；第五章主要介绍建筑给水排水平面图；第六章主要介绍建筑给水排水系统图；第七章主要介绍建筑中水工程图纸的识读；第八章主要介绍建筑给水排水工程常见详图、常用构筑物的标准图。

本书第一章由李亚峰、叶友林编著，第二章由马学文、李亚峰编著，第三章、第四章由叶友林、李亚峰编著，第五章由刘璐、杨曦编著，第六章由刘育、杨曦编著，第七章由李倩倩、刘璐编著，第八章由马学文、刘育编著，全书最后由李亚峰统编定稿。

由于编著者的水平有限，对于书中不妥之处，敬请读者不吝指教。

编著者
2015 年 9 月

第二版前言

　　《建筑给水排水施工图识读》（第一版）自 2009 年 1 月出版以来，深受读者的欢迎。为了能更好地满足读者的需求，本次修订对第一版书的结构、内容又进行了调整、完善和补充。

　　本书是在《建筑给水排水施工图识读》（第一版）的基础上，按照建筑给水排水制图标准（GB/T 50106—2010）、建筑给水排水设计规范（GB 50015—2003）（2009 年版）以及其他相关技术规范和标准的技术要求编写的，并增加了识图的工程实例。与第一版相比，《建筑给水排水施工图识读》（第二版）内容更加丰富，插图更加直观，更加贴近工程实际，语言更加简练、通俗。

　　全书共八章，第一章主要介绍建筑给水工程、建筑排水工程、建筑消防给水工程、建筑热水供应工程、居住小区给水排水工程、建筑中水处理工程等基本知识；第二章主要介绍建筑给水排水施工图的基本知识、主要内容、识读程序、常用图例和符号等；第三章主要介绍建筑给水排水施工图图纸目录、设计总说明和主要设备材料表等；第四章主要介绍建筑给水排水总平面图；第五章主要介绍建筑给水排水平面图；第六章主要介绍建筑给水排水系统图；第七章主要介绍建筑中水处理工程图纸的识读；第八章主要介绍建筑给水排水工程常见详图、常用构筑物的标准图。

　　本书第一章、第二章由李亚峰、张吉库编著，第三章、第四章由张吉库、李亚峰编著，第五章由夏怡、李亚峰编著，第六章由刘育、张颜编著，第七章由张吉库、刘鑫编著，第八章由李亚峰、王冰编著，全书最后由李亚峰统编定稿。

　　由于编著者水平有限，对于书中不妥之处，敬请读者不吝指教。

编著者

2012 年 1 月

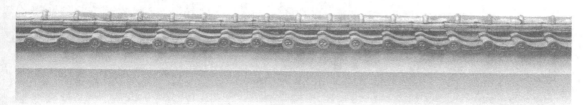

第一版前言

建筑给水排水工程是房屋建筑工程的重要组成部分，其设计和施工质量的好坏，将直接影响建筑的功能和安全性能。建筑给水排水施工图表达了建筑给水排水工程设计的主要内容和技术要求，是建筑给水排水工程施工的主要依据。能够快速、准确地识读建筑给水排水施工图是建筑给水排水工程施工技术人员、监理人员和即将从事工程建设的有关人员应该掌握的基本技术知识。

本书以现行最新的给水排水制图标准、建筑给水排水工程设计规范、建筑设计防火规范等为依据，结合工程制图原理和建筑给水排水工程施工图实例，介绍了建筑给水排水工程施工图的识读方法和原则。为使读者能够更好地理解和掌握识图方法，作者在书中还介绍了有关建筑给水排水工程的基本知识。

全书共七章，第一章主要介绍建筑给水排水施工图的基本知识、主要内容、识读程序、常用图例和符号等；第二章主要介绍建筑给水工程、建筑消防给水工程、建筑排水工程、建筑热水工程、居住小区给水排水工程基本知识；第三章主要介绍建筑给水排水施工图图纸目录、设计总说明和主要设备材料表等；第四章主要介绍建筑给水排水总平面图；第五章主要介绍建筑给水排水平面图；第六章主要介绍建筑给水排水系统图；第七章主要介绍建筑给水排水工程常见详图和常用构筑物的标准图。本书可供从事建筑给水排水工程施工、监理以及相关工程技术人员使用，也可以作为大中专院校给水排水工程及相关专业学生的教学参考书。

本书第一章、第二章由李亚峰、班福忱、刘强编著，第三章至第五章由李亚峰、刘鑫、班福忱编著，第六章、第七章由李亚峰、刘鑫、刘强编著，全书最后由李亚峰统编定稿。

由于我们的编写水平有限，对于书中不足之处，请读者不吝指教。

编著者
2008 年 3 月

目　录

第一章 建筑给水排水工程基本知识

第一节 建筑给水工程基本知识

一、给水系统的分类

1. 生活给水系统

供家庭、机关、学校、部队、旅馆等居住建筑、公共建筑和工业建筑中饮用、烹调、洗涤、沐浴及冲洗等生活用水。除水压、水量应满足需要外，水质必须严格符合国家规定的饮用水水质的标准。

2. 生产给水系统

供工业生产中所需要的设备冷却水、原料和产品的洗涤水、锅炉及原料等用水。由于工业种类、生产工艺各异，因而生产给水系统对水量、水压、水质及安全方面的要求也不尽相同。

3. 消防给水系统

供建筑内部消防设备用水。消防给水系统必须按照建筑防火规范保证有足够的水量和水压，但对水质无特殊要求。

以上三种基本给水系统，在实际中可以单独设置，也可以设置两种或三种合并的给水系统。如生活和生产共用的给水系统；生活和消防共用的给水系统；生产和消防共用的给水系统；生活、生产和消防共用的给水系统。

二、给水系统的组成

建筑给水系统一般由引入管、水表节点、管道系统、给水附件、加压和贮水设备、建筑内消防设备等组成，如图 1-1 所示。

1. 引入管

引入管是城市给水管道与用户给水管道间的连接管。当用户为一幢单独建筑物时，引入管也称进户管；当用户为工厂、学校等建筑群体时，引入管系指总进水管。

2. 水表节点

水表及其前后设置的闸门、泄水装置等总称为水表节点。闸门是在检修和拆换水表时用以关闭管道；泄水装置主要是用来放空管网、检测水表精度及测定进户点压力值。水表节点

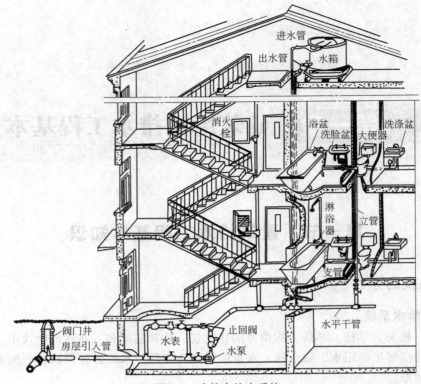

图 1-1　建筑内给水系统

分为无旁通管（见图 1-2）和有旁通管（见图 1-3）两种。对于不允许断水的用户一般采用有旁通管的水表节点，对于那些允许在短时间内停水的用户，可以采用无旁通管的水表节点。为了保证水表前水流平稳，计量准确，螺翼式水表前应有长度为 8～10 倍水表公称直径的直管段。其他类型水表的前后，则应有不小于 300mm 的直线管段。

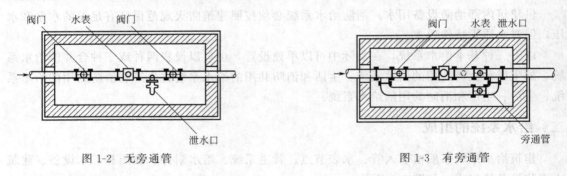

图 1-2　无旁通管　　　　　　　　　　　　　图 1-3　有旁通管

3. 管道系统

管道系统系指建筑内部各种管道。如水平或垂直干管、立管、横支管等。

4. 给水附件

为了便于取用、调节和检修，给水管路上设有控制附件和配水附件，包括各式阀门及各式配水龙头、仪表等。

5. 加压和贮水设备

当室外给水管网中的水压、水量不能满足用水要求时，或者用户对水压稳定性、供水安全性有要求时，须设置加压和贮水设备，常见有水泵、水箱、水池和气压水罐等。

6. 建筑内消防设备

建筑内部消防给水设备常见的是消火栓消防设备。包括消火栓、水枪和水龙带等。当消防上有特殊要求时，还应安装自动喷洒灭火设备，包括喷头、控制阀等。

三、基本给水方式

1. 直接给水方式

当室外管网的水压、水量能经常满足用水要求，建筑内部给水无特殊要求时，采用直接给水方式。该方式将建筑内部给水系统与室外给水管网直接相连，利用室外管网的水压直接供水，如图 1-4 所示。这种方式供水较可靠，系统简单，投资省，并可以充分利用室外管网的压力，节约能源。但系统内部无贮备水量，室外管网停水时室内立即断水。

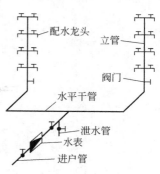

图 1-4 直接给水方式

2. 单设水箱给水方式

当一天内室外管网大部分时间内能满足建筑内用水要求，仅在用水高峰时，由于室外管网压力降低而不能保证建筑物上层用水时，采用单设水箱给水方式。如图 1-5 所示。该方式将建筑内部给水系统与室外给水管网连接，并利用室外管网压力供水，同时设高位水箱调节流量和压力。这种方式系统简单，投资省，可以充分利用室外管网的压力，节省能源；由于屋顶设置水箱，因此，供水可靠性比直接供水方式好。但设置水箱会增加结构负荷。

3. 设置水泵和水箱的给水方式

当室外管网中的水压经常或周期性地低于建筑内部给水系统所需压力，建筑内部用水量较大且不均匀时，宜采用设置水泵和水箱的联合给水方式。该方式是用水泵从室外管网或贮水池中抽水加压，并利用高位水箱调节流量，如图 1-6 所示。虽然这种方式设备费用较高，维护管理比较麻烦，但水箱的容积小，水泵的出水量比较稳定，供水可靠。

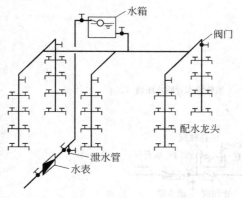

图 1-5 单设水箱给水方式

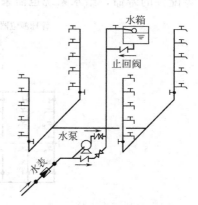

图 1-6 设置水泵和水箱给水方式

4. 设水泵的供水方式

当室外给水压力永远满足不了建筑内部用水需要，且建筑内部用水量较大又较均匀时，则可设置水泵增加压力。这种供水方式常用于工厂的生产用水。对于用水不均匀的建筑物，单设水泵的供水方式一般采用一台或多台水泵的变速运行方式，使水泵供水曲线和用水曲线相接近，并保证水泵在较高的效率下工作，从而达到节能的目的。供水系统越大，节能效果越就显著。图1-7为水泵出口恒压的变速运行给水方式。

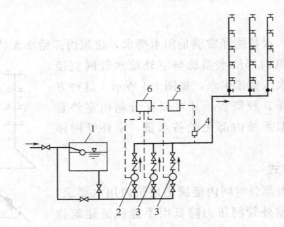

图1-7 变速水泵供水方式

1—贮水池；2—变速泵；3—恒速泵；4—压力变送器；

5—调节器；6—控制器

5. 分区供水的给水方式

在多层建筑物中，当室外给水管网的压力仅能供到下面几层，而不能满足上面几层用水要求时，为了充分有效地利用室外给水管网的压力，常将给水系统分成上下两个供水区，下区由外网压力直接供水，上区采用水泵水箱联合供水方式（或其他升压供水方式）供水，如图1-8所示。这种方式能充分利用室外给水管网的水压，节省能源，而且消防管道环形供水，提高了消防用水的安全性。但系统复杂，安装维护较麻烦。上下两区可由一根或两根立管连通，在分区处装设闸阀，从而提高供水的可靠性。在高层建筑中，为了减小静水压力，延长零配件的寿命，给水系统也需采用分区供水。

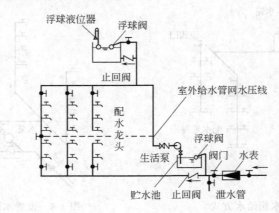

图1-8 分区给水方式

6. 设气压给水设备的供水方式

当室外给水管网水压经常不足，而用水水压允许有一定的波动，又不宜设置高位水箱时，可以采用气压给水设备升压供水，如地震区、人防工程或屋顶立面有特殊要求等建筑的给水系统以及小型、简易、临时性给水系统和消防给水系统等。该方式就是用水泵从室外管网或贮水池中抽水加压，利用气压给水罐调节流量和控制水泵运行，如图1-9所示。这种方式水质不易受污染，灵活，而且不需设高位水箱。但是，变压式气压给水的水压波动较大，水泵平均效率较低，耗能多，供水安全性也较差。气压给水设备有变压式、恒压式和隔膜式三种类型。

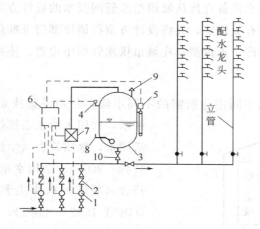

图 1-9　气压给水方式

1—水泵；2—止回阀；3—气压水罐；4—压力信号器；5—液位信号器；6—控制器；

7—补气装置；8—排气阀；9—安全阀；10—阀门

7. 管网叠压供水方式

为了充分利用市政管网的压力，节省供水能耗，近几年又研制开发出管网叠压供水设备。管网叠压供水系统是在水泵和市政管网之间设一个调节罐，市政管网的自来水进入调节罐，水泵吸水管从调节罐吸水。具体的工作原理：自来水进入调节罐，罐内的空气从真空消除器内排出，待水充满后，真空消除器自动关闭。当自来水能够满足用水压力及水量要求时，叠压供水设备通过旁通止回阀向建筑内用水管网直接供水；当自来水管网的压力不能满足用水要求时，系统通过压力传感器（或压力控制器、电接点压力表）给出启泵信号启动水泵运行。自来水的压力越低，水泵的转速越高；自来水的压力越高，水泵的转速越低。用水高峰期时，若自来水管网水量小于水泵流量时，调节罐内的水作为补充水源仍能正常供水，此时，空气由真空消除器进入调节罐，消除了自来水管网的负压，用水高峰期过后，系统恢复正常的状态。若自来水供水不足或管网停水而导致调节罐内的水位不断下降，液位探测器给出水泵停机信号以保护水泵机组。夜间及小流量供水时可通过小型膨胀罐供水，防止了水泵的频繁启动。

管网叠压供水设备具有可利用城镇给水管网的水压而节约能耗，设备占地较小，节省机房面积等优点。

叠压供水设备可在城镇给水管网能满足用户的流量要求，而不能满足所需的水压要求，且设备运行后不会对管网的其他用户产生不利影响的地区使用。各地供水行政主管部门（如水务局）及供水部门（如自来水公司）会根据当地的供水情况提出使用条件要求。中国工程建设协会标准《管网叠压供水技术规程》（CECS 221）第3.0.5条对此也作了明确的规定：供水管网经常性停水的区域；供水管网可资利用水头过低的区域；供水管网供水压力波动过大的区域；使用管网叠压供水设备后，对周边现有（或规划）用户用水会造成严重影响的区域；现有供水管网供水总量不能满足用水需求的区域；供水管网管径偏小的区域；供水行政主管部门及供水部门认为不宜使用管网叠压供水设备的其他区域不得采用管网叠压供水技术。因此，当采用叠压供水设备直接从城镇给水管网吸水的设计方案时，要遵守当地供水行政主管部门及供水部门的有关规定，并将设计方案报请该部门批准认可。未经当地供水行政主管部门及供水部门的允许，不得擅自在城市供水管网中设置、使用管网叠压供水设备。

8. 分质供水

分质给水方式即根据不同用途所需的不同水质，分别设置独立的给水系统。如图1-10所示，饮用水给水系统供饮用、烹饪、盥洗等生活用水，水质符合《生活饮用水卫生标准》（GB 5749—2006）。杂用水给水系统，水质较差，仅符合《城市污水再生利用　城市杂用水水质》（GB/T 18920—2002），只能用于建筑内冲洗便器、绿化、洗车、扫除等用水。近年来为确保水质，有些国家还采用了饮用水与盥洗、淋浴等生活用水分设两个独立管网的分质给水方式。

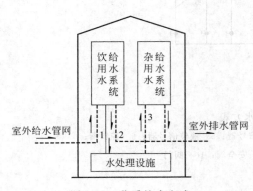

图1-10　分质给水方式

1—生活废水；2—生活污水；3—杂用水

四、高层建筑给水系统

高层建筑是指建筑高度大于27m的住宅建筑和其他建筑高度大于24m的非单层建筑。高层民用建筑按其建筑高度、使用功能和楼层的建筑面积可分为一类和二类，详见表1-1。

表1-1　高层民用建筑分类

名称	一类	二类
住宅建筑	建筑高度大于54m的住宅建筑（包括设置商业服务网点的住宅建筑）	建筑高度大于27m，但不大于54m的住宅建筑（包括设置商业服务网点的住宅建筑）
公共建筑	1. 建筑高度大于50m的公共建筑 2. 任一层建筑面积大于1000m² 的商店、展览、电信、邮政、财贸金融建筑和其他多种功能组合的建筑 3. 医疗建筑、重要公共建筑 4. 省级以上的广播电视和防灾指挥调度建筑、网局级和省级电力调度建筑 5. 藏书超过100万册的图书馆、书库	除一类高层公共建筑外的其他高层公共建筑

（一）技术要求

整幢高层建筑若采用同一给水系统供水，则下层管道中的静水压力就会很大。过大的静水压力会缩短管道、附件的使用寿命，并会造成使用不便，水量浪费，同时需要采用耐高压的管材、附件和配水器材，增加费用。因此，高层建筑给水系统必须解决低层管道中静水压力过大的问题。

为克服高层建筑给水系统低层管道中静水压力过大的弊病，保证建筑供水的安全可靠性，高层建筑给水系统应采取竖向分区供水，即在建筑物的垂直方向按层分段，各段为一区，分别组成各自的给水系统。根据我国目前水暖产品所能承受的压力情况，我国《建筑给水排水设计规范》（GB 50015—2003）（2009 年版）规定如下。

高层建筑生活给水系统应竖向分区，竖向分区压力应符合下列要求：

① 各分区最低卫生器具配水点处的静水压不宜大于 0.45MPa；

② 静水压大于 0.35MPa 的入户管（或配水横管），宜设减压或调压设施；

③ 各分区最不利配水点的水压，应满足用水水压要求。

竖向分区的最大水压绝不是卫生器具正常使用的最佳水压，最佳使用水压宜为 0.20～0.30MPa，各分区顶层住宅入户管的进口水压不宜小于 0.10MPa。而对水压大于 0.35MPa 的入户管，宜设减压或调压措施，以避免水压过高或过低给用水带来不便。

（二）给水方式

1. 串联式

各区分设水箱和水泵，低区的水箱兼作上区的水池如图 1-11。其优点是：无需设置高压水泵和高压管线；水泵可保持在高效区工作，能耗较少；管道布置简单，较省管材。缺点是：供水不够安全，下区设备故障，将直接影响上层供水；各区水箱、水泵分散设置，维修、管理不便，且要占用一定的建筑面积；水箱容积较大，将增加结构的负荷和造价。

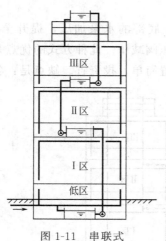

图 1-11　串联式

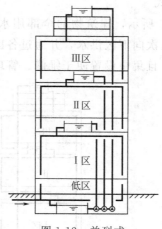

图 1-12　并列式

2. 并联式

各区升压设备集中设在底层或地下设备层，分别向各区供水，如图 1-12 所示。其优点是：各区供水自成系统，互不影响，供水较安全可靠；各区升压设备集中设置，便于维修、管理。水泵、水箱并列供水系统中，各区水箱容积小，占地少。缺点是各区均需设水箱，且高区需要高压水泵和耐高压管材。

对于分区不多的高层建筑，当电价较低时，也可以采用并联单管供水方式，如图 1-13 所示。这种方式所用的设备、管道较少，投资较节省，维护管理也较方便。但低区压力损耗过大，能源消耗较大，供水可靠性也不如前者。采用这种给水方式供水，低区水箱进水管上宜设减压阀，以防浮球阀损坏和减缓水锤作用。

采用水泵直接供水的并联给水方式见图 1-14。这种方式供水安全可靠，便于管理，且建筑内不设水箱。

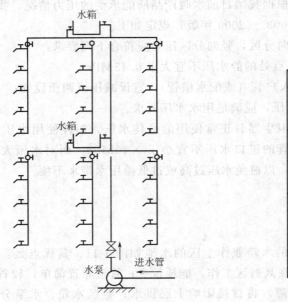

图 1-13　并联单管供水方式

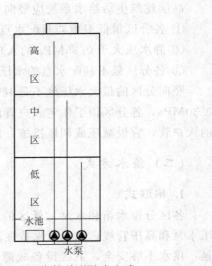

图 1-14　无水箱并联给水方式

3. 减压式

如图 1-15 所示，建筑物的全部用水量由设置在底部的水泵加压，提升至屋顶总水箱，再由此水箱依次向下区供水，并通过各区水箱或减压阀减压。此种方式的优点是：水泵数量少，占地少，且集中设置便于维修、管理；管线布置简单，投资省。缺点是：各区用水均需

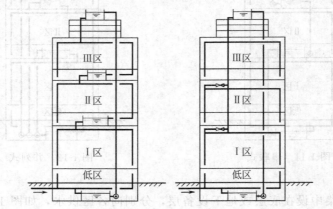

图 1-15　减压式

提升至屋顶水箱，不但水箱容积大，而且对建筑结构和抗震不利，同时也增加了电耗；供水不够安全，水泵或屋顶水箱输水管、出水管的局部故障都将影响各区供水。采用减压阀供水方式，可省去减压水箱，进一步缩小了占地面积，可使建筑面积充分发挥经济效益，同时也可避免由于管理不善等原因可能引起的水箱二次污染现象。

减压阀有弹簧式和比例式之分，图 1-16 为比例式减压阀，该阀构造简单体积小，可垂直和水平安装，由于活塞后端受水面为前端受水面的整数倍，所以阀门关闭时，阀前后的压力比是定值，减压值不需人工调节。当阀后用水时，管内水压作用在活塞前端，推动活塞后移，减压阀开启通水，至阀后停止用水，活塞前移，阀门关闭。因通水时阀后压力是随流量增大而相应减小的，故须按该阀的流量-压力曲线选用其规格、型号。

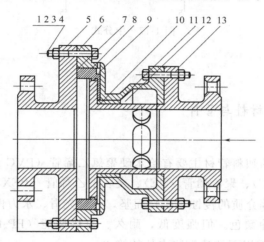

图 1-16 比例式减压阀
1—螺栓；2—螺母；3,4—垫圈；5—出口法兰；
6—阀体；7，9，11—O 形密封圈；8—环套；
10—活塞套；12—活塞；13—进口法兰

五、给水管网的布置方式

各种给水系统按其水平干管在建筑物内敷设的位置可分为以下几种形式。

1. 下行上给式

如图 1-4 所示，水平配水干管敷设在底层（明装、埋设或沟敷）或地下室天花板下，自下而上供水。利用室外给水管网水压直接供水的居住建筑、公共建筑和工业建筑多采用这种方式。

2. 上行下给式

如图 1-5 所示，水平配水干管敷设在顶层天花板下或吊顶之内，自上向下供水。对于非冰冻地区，水平干管可敷设在屋顶上；对于高层建筑也可敷设在技术夹层内。一般设有高位水箱的居住、公共建筑或下行布置有困难时多采用此种方式。其缺点是配水干管可能因漏水或结露损坏吊顶和墙面，寒冷地区干管还需保温，以免结冻。

3. 中分式

如图 1-17 所示，水平干管敷设在中间技术层内或某中间层吊顶内，向上下两个方向供水。一般层顶用作露天茶座、舞厅或设有中间技术层的高层建筑多采用这种方式。其缺点需设技术层或增加某中间层的层高。

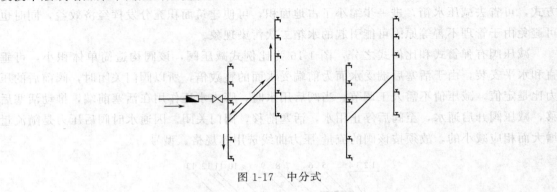

图 1-17　中分式

六、给水管材及附件

（一）常用的管道材料与管件

1. 塑料管

建筑生活给水常用的塑料管材主要有给水硬聚氯乙烯管（PVC-U）、聚丙烯管（PP-R）、氯化聚氯乙烯管（PVC-C）、聚乙烯管（PE）、交联聚乙烯管（PEX）等。塑料管材耐腐蚀，不受酸、碱、盐和油类等介质的侵蚀，质轻而坚，管壁光滑、水力性能好，容易切割，加工安装方便，并可制成各种颜色。但强度低，耐久、耐热性能（PP-R、PEX 管除外）较差。一般用于输送温度在 45℃ 以下的建筑物内外的给水。

塑料管可以采用热熔对接、承插粘接、法兰连接等方法连接。

PVC-U 管适用于系统的工作压力不大于 0.6MPa，工作温度不大于 45℃ 的给水系统。管道连接宜采用承插粘接，也可采用橡胶密封圈连接（采用这种连接时不能采用嵌墙敷设方式）。管道与金属管件螺纹连接时，应采用注射成型的外螺纹管件。管道与金属管材管道和附件为法兰连接时，宜采用注射成型带承口法兰外套金属法兰片连接。管道与给水栓连接部位应采用塑料增强管件、镶嵌金属或耐腐金属管件。

PP-R 管适用于系统的工作压力不大于 0.6MPa，工作温度不大于 70℃ 的给水及热水系统。明敷和非直埋管道宜采用热熔连接，与金属管或用水器连接，应采用丝扣或法兰连接（需采用专用的过渡管件或过渡接头）。直埋、暗敷在墙体及地坪层内的管道应采用热熔连接，不得采用丝扣、法兰连接。当管道外径≥75mm 时可采用热熔、电熔、法兰连接。PP-R 管不能用于室外。

PVC-C 管有 S6.3 系列和 S5 系列。多层建筑可采用 S6.3 系列，高层建筑可采用 S5 系列（但高层建筑主干管和泵房内不宜采用）；室外管道压力不大于 1.0MPa 时，可采用 S6.3 系列，当大于 1.0MPa 时，应采用 S5 系列。管道采用承插粘接。与其他种类的管材、金属阀门、设备装置的连接，应采用专用嵌螺纹的或带法兰的过渡连接配件。螺纹连接专用过渡件的管径不宜大于 63mm；严禁在管子上套丝扣。

PE 管适用于温度不超过 40℃、一般用途的压力输水以及饮用水的输送。PE 管的连接方式采用热熔连接或电熔连接。

PEX 管是无污染环境的绿色管材，不含任何毒素，也不释放有害物质，焚烧后只产生水和二氧化碳。管外径＜25mm 时，管道与管件宜采用卡箍式连接，≥32mm 时，宜采用卡套式连接。管道与其他管道附件、阀门等连接应采用专用的外螺纹卡箍或卡套式连接件。管道配水点，应采用耐腐蚀金属材料制作的内螺纹配件，且应与墙体固定。PEX 管使用温度与允许工作压力请参见相关规范。

2. 钢管

目前建筑给水系统使用的钢管有不镀锌钢管和镀锌钢管（热浸）两种。不镀锌钢管主要用于消防管道和生产给水管道。镀锌钢管主要用于管径小于等于 150mm 的消防管道和生产给水管道。

钢管具有强度高、接口方便，承受内压力大，内表面光滑，水力条件好等优点。但抗腐蚀性差，造价较高。

不镀锌钢管的连接方法有焊接和法兰连接，镀锌钢管连接方法有螺纹连接和法兰连接。连接方法有螺纹连接和法兰连接。

螺纹连接是利用各种管件将管道连接在一起。常用的管件有管箍、三通、四通、弯头、活接头、补心、对丝、根母、丝堵等，其形式及应用见图 1-18。

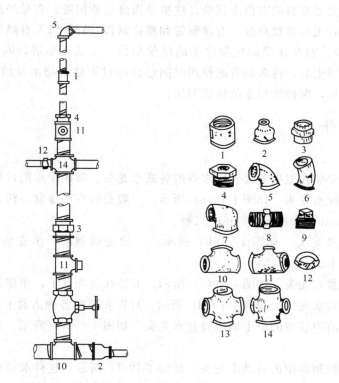

图 1-18 螺纹连接配件

1—管接头；2—异径接头；3—活接头；4—补心；5—弯头；6—45°弯头；

7—异径弯头；8—内接头；9—管堵；10—等径三通；11—异径三通；

12—根母；13—四通；14—异径四通

法兰连接一般用于直径较大（50mm 以上）的管道与阀门、水泵、止回阀、水表等的连接。连接前先将法兰焊接或用螺纹连接在管端，再用螺栓连接起来。

3. 给水铸铁管

给水铸铁管一般用于埋地管道。有低压管、普压管和高压管三种，工作压力分别为不大于 0.45MPa、0.75MPa 和 1MPa。当管内压力不超过 0.75MPa 时，宜采用普压给水铸铁管；超过 0.75MPa 时，应采用高压给水铸铁管。铸铁管具有耐腐蚀、接装方便、寿命长、价格低等优点，但性脆、重量大、长度小。铸铁管一般应做水泥砂浆衬里。管道宜采用橡胶圈柔性接口（$DN \leqslant 300$ 宜采用推入式梯唇形胶圈接口，$DN > 300$ 宜采用推入式楔形胶圈接口）。

4. 铝塑复合管

铝塑复合管的内外塑料层采用的是交联聚乙烯，主要用于生活冷、热水管，工作温度可达 90℃。铝塑复合管具有一定的柔性，保温，耐腐蚀，不渗透，气密性好，内壁光滑，质量轻，安装方便。铝塑复合管宜采用卡套式连接。当使用塑料密封套时，水温不超过 60℃。当使用铝制密封套时，水温不超过 100℃。

5. 给水铜管

铜管是以铜为主要原料的有色金属管，这里是指薄壁紫铜管。它是经拉制、挤制或轧制成型的无缝管。按有无包覆材料分，有裸铜管和塑覆铜管（管外壁覆有热挤塑料履层用以保护铜管和管道保温）。铜在化学活性排序中的序位很低，比氢还靠后，因而铜管性能稳定，极耐腐蚀。从使用历史看，许多铜管的使用时间已经超过了建筑物本身的使用寿命。另外，铜能抑制细菌的生长，保持饮用水的清洁卫生。

（二）给水附件

1. 配水附件

配水附件是指安装在卫生器具及用水点的各式水龙头。常用配水附件如图 1-19 所示。

（1）球形阀式配水龙头　如图 1-19（a）所示。一般安装在洗涤盆、污水盆、盥洗槽卫生器具上，直径有 15mm、20mm、25mm 三种。

（2）旋塞式配水龙头　如图 1-19（b）所示。一般是铜制的，多安装在浴池、洗衣房、开水间的热水管道上。

（3）普通洗脸盆水龙头　如图 1-19（c）所示。安装在洗涤盆上，单供冷水或热水。

（4）单手柄浴盆水龙头　如图 1-19（d）所示。可以安装在各种浴盆上。

（5）装有节水消声装置的单手柄洗脸盆水龙头　如图 1-19（e）所示。这种水龙头既能节水，又能减小噪声。

（6）利用光电控制启闭的自动水龙头　如图 1-19（f）所示。这种水龙头能够利用光电原理自动控制水龙头的启闭，不仅使用方便，而且可以避免自来水的浪费。

2. 控制附件

控制附件就是各种阀门。常用的有截止阀、闸阀、蝶阀、止回阀、浮球阀及安全阀等，见图 1-20。

（1）截止阀　如图 1-20（a）所示。只能用来关闭水流，但不能作调节流量用。截止阀关

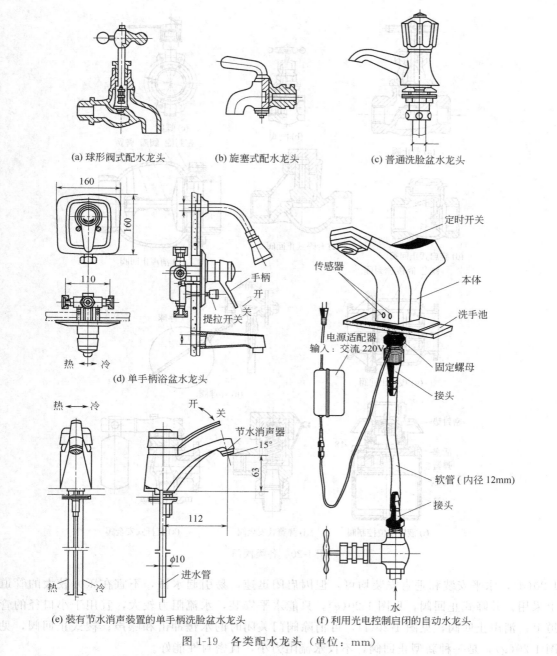

(a) 球形阀式配水龙头　　　(b) 旋塞式配水龙头　　　(c) 普通洗脸盆水龙头

(d) 单手柄浴盆水龙头

(e) 装有节水消声装置的单手柄洗脸盆水龙头　　　(f) 利用光电控制启闭的自动水龙头

图 1-19　各类配水龙头（单位：mm）

闭严密，但水流阻力较大，一般安装在管径小于或等于 50mm 的管道上。安装时注意方向，应使水低进高出，防止装反。

（2）闸阀　如图 1-20（b）所示。用来开启和关闭管道中的水流，也可以用来调节流量。闸阀阻力较小，但水中杂质沉积阀座时，阀板关闭不严，易产生漏水现象。一般安装在管径大于或等于 70mm 的管道上。

（3）蝶阀　如图 1-20（c）所示。用于调节和关断水流，这种阀门体积小，启闭方便。

（4）止回阀　用于阻止水流的反向流动，常用的有以下几种形式。旋启式止回阀，见图

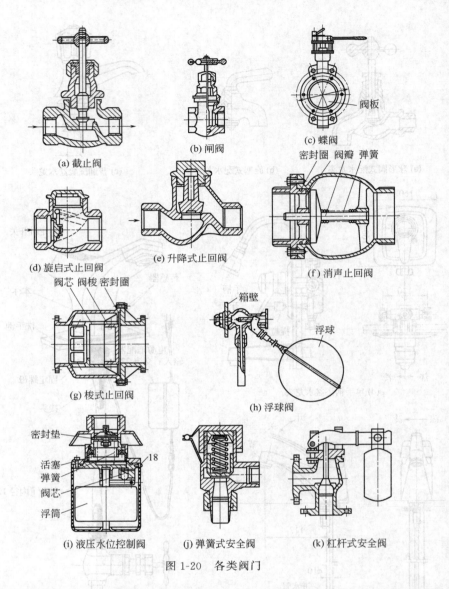

(a) 截止阀　　(b) 闸阀　　(c) 蝶阀

(d) 旋启式止回阀　　(e) 升降式止回阀　　(f) 消声止回阀

(g) 梭式止回阀　　(h) 浮球阀

(i) 液压水位控制阀　　(j) 弹簧式安全阀　　(k) 杠杆式安全阀

图 1-20　各类阀门

1-20(d)，水平安装和垂直安装均可，但因启闭迅速，易引起水锤，不宜在压力较大的管道上采用；升降式止回阀，见图 1-20(e)，只能水平安装，水流阻力较大，宜用于小口径的管道上；消声止回阀，见图 1-20(f)，可消除阀门关闭时的水锤冲击和噪声；梭式止回阀，见图 1-20(g)，是一种新型止回阀，不仅水流阻力小，且密封性能好。

（5）浮球阀　如图 1-20(h) 所示。是一种能够自动打开自动关闭的阀门，一般安装在水箱或水池的进水管上控制水位。当水位达到设计水位时，浮球阀自动关闭进水管；当水位下降时，浮球阀自动打开，继续进水。浮球阀所用的浮球较大，阀芯也易卡住引起控制失灵。液压水位控制阀是浮球阀的升级换代产品，见图 1-20(i)，其作用同浮球阀，克服了浮球阀阀芯易卡住引起溢水等弊病。

（6）安全阀　主要用于防止管网或密闭用水设备压力过高，一般有弹簧式和杠杆式两种，分别见图 1-20(j) 和图 1-20(k)。

3. 水表

目前建筑给水系统广泛采用流速式水表。流速式水表是根据直径一定时，流量与流速成正比的原理来计量水量的。水流通过水表时冲动翼轮旋转，并通过翼轮轴带动齿轮盘，记录流过的水量。

流速式水表可分为旋翼式、螺翼式、复式和正逆流水表四种类型，采用较多的是旋翼式、螺翼式，其结构如图 1-21 所示。

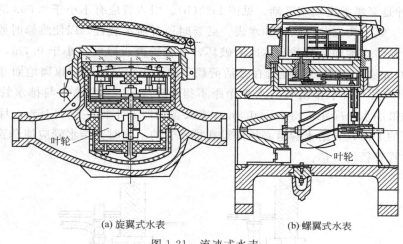

叶轮

叶轮

(a) 旋翼式水表　　　　(b) 螺翼式水表

图 1-21　流速式水表

螺翼式水表的翼轮轴与水流方向平行，水流阻力较小，多为大口径水表，适用于测大流量；旋翼式水表的翼轮轴与水流方向垂直，水流阻力较大，多为小口径水表，适用于小流量的测量；复式水表由主表及副表组成，用水量小时仅由副表计量，用水量大时，则由主表和副表同时计量，适用于用水量变化幅度大的用户；正逆流水表可计量管内正、逆两向流量之总和，主要用于计量海水的正逆方向流量。

水表按计数器的工作现状分为干式和湿式两种。湿式水表的传动机构和计量盘浸没在水中，而干式水表的传动机构和计量盘用金属盘与水隔开。湿式水表构造简单，计量准确，密封性能好。但水质浊度高，将降低水表精度，缩短水表寿命。湿式水表适用于水温不超过40℃的洁净水，干式水表适用水温不超过 100℃的洁净水。

按读数机构的位置水表可分为现场指示型、远传型和远传现场组合型。现场指示型：计数器读数机构不分离，与水表为一体；远传型：计数器示值远离水表安装现场，分无线和有线两种；远传、现场组合型：即在现场可读取示值，在远离现场处也能读取示值。

一般情况下，公称直径小于或等于 50mm 时，应采用旋翼式水表；公称直径大于 50mm 时，应采用螺翼式水表。在干式和湿式水表中应优先采用干式水表。

水表公称直径的确定：

① 水表口径宜与给水管道接口管径一致；

② 用水量均匀的生活给水系统的水表应以给水设计流量选定水表的常用流量；

③ 用水量不均匀的生活给水系统的水表应以设计流量选定水表的过载流量；

④ 在消防时除生活用水外尚需通过消防流量的水表，应以生活用水的设计流量叠加消防流量进行校核，校核流量不应大于水表的过载流量。

七、给水管道的布置与敷设

给水管道布置与敷设的基本要求是：①满足最佳水力条件；②满足维修及美观要求；③保证生产及使用安全；④保证管道不受破坏。

1. 管道布置

（1）引入管　引入管进入室内有两种情况：一种是从建筑物的浅基础下通过，见图1-22(a)；另一种是穿越承重墙或基础，见图1-22(b)。引入管应有不小于0.003的坡度，坡向室外给水管网，其上均应装设阀门和水表，必要时还有泄水装置，以便维修时放空管网。室外埋地引入管要防止地面活荷载和冰冻的破坏，其管顶覆土厚度不小于0.7m，并应敷设在冰冻线以下20cm处。建筑内埋地管在无活荷载和冰冻影响时，其管顶离地面高度不宜小于0.3m。给水引入管与排水排出管的水平净距不得小于1m，室内给水与排水管道平行敷设时，两管间的最小水平净距不得小于0.5m；交叉敷设时，不得小于0.15m，且给水管道应铺设在排水管的上面，若给水管道必须铺设在排水管的下面时，给水管应加套管，套管长度不得小于排水管管径的3倍。

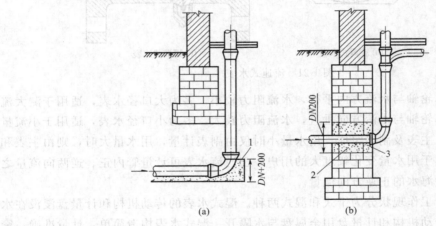

图1-22　引入管进入建筑物
1—C5.5混凝土支座；2—黏土；3—M5水泥砂浆封口

（2）干管和立管　给水横管应有0.002～0.005的坡度，坡向可以泄水的方向；与其他管道同地沟或共支架敷设时，给水管应在热水管、蒸汽管的下面，在冷冻管或排水管的上面；给水管不要与输送有害有毒介质的管道、易燃介质管道同沟敷设；给水立管和装有3个或3个以上配水点的支管，在始端均应装设阀门和活接头。

管道在空间敷设时，必须采用固定措施，以保证施工方便和安全供水。固定管道常用的支托架见图1-23。

（3）支管　支管应有不小于0.002的坡度，坡向立管；冷、热水立管平行敷设时，热水管在左侧，冷水管在右侧；冷、热水管上下并行敷设时，热水管在冷水管的上面；卫生器具上的冷热水龙头，热水在左侧，冷水在右侧，这与冷、热水立管并行时的位置要求是一致的。

给水管道不应穿越伸缩缝、抗震缝及沉降缝，如必须穿越时，应根据情况采取以下

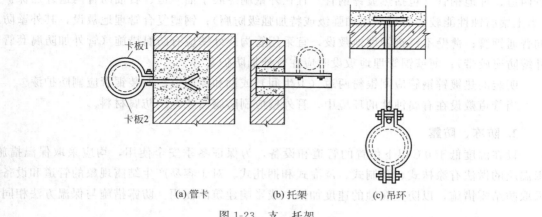

(a)管卡   (b)托架   (c)吊环

图 1-23 支、托架

措施：

① 在墙体两侧采取柔性连接。图 1-24 采用的是丝扣弯头法，在建筑沉降过程中，两边的沉降差由丝扣弯头的旋转来补偿，此方法适用于小管径的管道。图 1-25 采用的是活动支架法，在沉降缝两侧设立支架，使管道只能垂直位移，不能水平横向位移，以适应沉降、伸缩之应力。

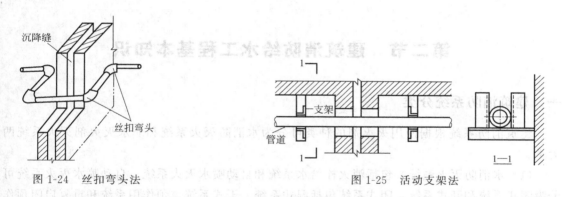

图 1-24 丝扣弯头法   图 1-25 活动支架法

② 在管道或保温层外皮上、下部留有不小于 150mm 的净空。

③ 在穿墙处做成方形补偿器水平安装。

另外，给水管道穿过建筑物的基础、地下室的外墙、地下构筑物时，应采取防水措施。对有严格防水要求的建筑物，必须采用柔性防水套管。

2. 管道敷设

给水管道的敷设有明装、暗装两种形式。明装给水管道尽量沿墙、梁、柱平行敷设。暗装给水横干管除直接埋地外，宜敷设在地下室、顶棚或管沟内，立管可敷设在管井中。

八、管道防护

1. 防腐

金属管材一般应采用适当的防腐措施。铸铁管及大口径钢管可采用水泥砂浆衬里，钢塑复合管就是钢管加强防腐性能的一种形式。埋地铸铁管宜在管外壁刷冷底子油一遍、石油沥青两道；埋地钢管（包括热镀锌钢管）宜在外壁刷冷底子油一道、石油沥青两道外加保护层（当土壤腐蚀性能较强时可采用加强级或特加强级防腐）；钢塑复合管埋地敷设，其外壁防腐同普通钢管；薄壁不锈钢管埋地敷设，宜采用管沟或外壁应有防腐措施（管外加防腐套管或外缚防腐胶带）；薄壁铜管埋地敷设时应在管外加防护套管。

明装的热镀锌钢管应刷银粉两道（卫生间）或调和漆两道；明装铜管应刷防护漆。

当管道敷设在有腐蚀性的环境中，管外壁应刷防腐漆或缠绕防腐材料。

2. 防冻、防露

设在温度低于 0℃ 以下位置的管道和设备，为保证冬季安全使用，均应采取保温措施。保温层的做法有涂抹式、预制式、浇灌式和捆扎式。对于容易产生结露现象的管道和设备应采取防结露措施，以防止腐蚀的速度加快，或影响建筑的使用。防露措施与保温方法相同。

3. 防振

管道、附件的振动不但会损坏管道附件造成漏水，还会产生噪声。给水管道系统的振动主要是管道中水流速度过大产生水锤现象引起的，因此，在设计给水系统时应控制管道的水流速度，在系统中尽量减少使用电磁阀或速闭型水栓。住宅建筑进户管的阀门后（沿水流方向），易装设家用可曲挠橡胶接头进行隔振。并可在管支架、吊架内衬垫减振材料，以缩小噪声的扩散。

第二节　建筑消防给水工程基本知识

一、建筑消防系统分类

建筑消防系统根据使用灭火剂的种类可分为水消防灭火系统和非水灭火剂灭火系统两大类。

（1）水消防灭火系统　包括消火栓给水系统和自动喷水灭火系统。自动喷水灭火系统可分为闭式系统和开式系统，闭式系统包括湿式系统、干式系统、预作用系统和重复启闭预作用系统；开式系统包括雨淋系统、水幕系统和水喷雾系统。

（2）非水灭火剂灭火系统　主要有干粉灭火系统、二氧化碳灭火系统、泡沫灭火系统、蒸汽灭火系统以及七氟丙烷灭火系统、EBM 气溶胶灭火系统、烟烙尽（IG-541）灭火系统、三氟甲烷灭火系统、SDE 灭火系统等。

消火栓给水系统和自动喷水灭火系统都是以水为灭火剂的，因此，也称为建筑消防给水系统。

二、室内消火栓给水系统

建筑内部消火栓给水系统是把室外给水系统提供的水量输送到用于扑灭建筑内火灾而设置的灭火设施，是建筑物中最基本的灭火设施。

1. 消火栓给水系统的组成

建筑内部消火栓给水系统一般由水枪、水带、消火栓、消防水池、消防管道、水源等组成，必要时还需设置水泵、水箱和水泵接合器等，如图1-26所示。水枪、水带、消火栓等设于有玻璃门的消防箱中。

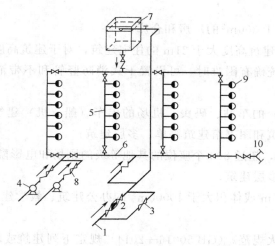

图1-26　水泵-水箱消防供水方式

1—引入管；2—水表；3—旁通管及阀门；4—消防水泵；
5—竖管；6—干管；7—水箱；8—止回阀；
9—消火栓设备；10—水泵接合器

2. 室内消火栓给水系统类型

按压力和流量是否满足系统要求，室内消火栓给水系统可分为常高压消火栓给水系统、临时高压消火栓给水系统和低压消火栓给水系统。

（1）常高压消火栓给水系统　水压和流量任何时间和地点都能满足灭火时所需要的压力和流量，系统中不需要设消防泵的消防给水系统。

（2）临时高压消火栓给水系统　水压和流量平时不完全满足灭火时的需要，在灭火时启动消防泵。当用稳压泵稳压时，可满足压力，但不满足水量；当用屋顶消防水箱稳压时，建筑物的下部可满足压力和流量，建筑物的上部不满足压力和流量。

（3）低压消火栓给水系统　低压给水系统，管道的压力应保证灭火时最不利点消火栓的水压不小于0.10MPa（从地面算起），满足或部分满足消防水压和水量要求，消防时可由消防车或由消防水泵提升压力，或作为消防水池的水源水，由消防水泵提升压力。

3. 消火栓的设置

室内消火栓的布置应符合下列规定。

① 除无可燃物的设备层外，设置室内消火栓的建筑物，其各层均应设置消火栓。单元式、塔式住宅的消火栓宜设置在楼梯间的首层和各层楼层休息平台上，当设两根消防竖管确有困难时，可设一根消防竖管，但必须采用双口双阀型消火栓。干式消火栓竖管应在首层靠出口部位设置便于消防车供水的快速接口和止回阀。

② 消防电梯间前室内应设置消火栓。

③ 室内消火栓应设在明显易于取用的地点。栓口离地面高度为1.1m，其出水方向应向下或与设置消火栓的墙面成90°角。冷库的室内消火栓应设在常温穿堂内或楼梯间内。

4. 室内消火栓灭火系统的设置

我国《建筑设计防火规范》（GB 50016—2014）规定下列建筑或场所应设置室内消火栓系统：

① 建筑占地面积大于 $300m^2$ 的厂房和仓库；

② 高层公共建筑和建筑高度大于 21m 的住宅建筑，对于建筑高度不大于 27m 的住宅建筑，设置室内消火栓系统确有困难时，可设置干式消防竖管和不带消火栓箱的 DN65 室内消火栓。

③ 体积大于 $5000m^3$ 的车站、码头、机场的候车（船、机）建筑、展览建筑、商店建筑、旅馆建筑、医疗建筑和图书馆建筑等单、多层建筑；

④ 特等、甲等剧场，超过 800 个座位的其他等级的剧场和电影院等，超过 1200 个座位的礼堂、体育馆等单、多层建筑；

⑤ 建筑高度大于 15m 或体积大于 $10000m^3$ 的办公建筑、教学建筑和其他单、多层民用建筑。

同时《建筑设计防火规范》（GB 50016—2014）规定下列建筑或场所可不设置室内消火栓系统，但宜设置消防软卷盘或轻便消防水龙：

① 耐火等级为一、二级且可燃物较少的单、多层丁、戊类厂房（仓库）；

② 耐火等级为三、四级且建筑体积不大于 $3000m^3$ 的丁类厂房，耐火等级为三、四级且建筑体积不大于 $5000m^3$ 的戊类厂房（仓库）；

③ 粮食仓库、金库、远离城镇并无人值班的独立建筑；

④ 存有与水接触能引起燃烧爆炸的物品的建筑；

⑤ 室内没有生产、生活给水管道，室外消防用水取自储水池且建筑体积不大于 $5000m^3$ 的其他建筑。

国家级文物保护单位的重点砖木或木结构的古建筑，宜设置室内消火栓。人员密集的公共建筑，建筑高度大于 100m 的建筑和建筑面积大于 $200m^2$ 的商业服务网点内应设置消防软管卷盘或轻便消防水龙。高层住宅建筑的户内宜配置轻便消防水龙。

一般建筑物或厂房内，消防给水常常与生活或生产给水共用一个给水系统，只在建筑物防火要求高，不宜采用共用系统，或共用系统不经济时，才采用独立的消防给水系统。

5. 室内消火栓灭火系统的选择

① 室内环境温度不低于 4℃，且不高于 70℃ 的场所，应采用湿式室内消火栓系统。

② 室内环境温度低于 4℃ 或高于 70℃ 的场所，宜采用湿式室内消火栓系统。

③ 建筑高度不大于 27m 的多层住宅建筑设置室内湿式消火栓系统确有困难时，可设置干式消防竖管。

④ 严寒、寒冷等冬季结冰地区城市隧道及其他建筑物的消火栓系统，应采取防冻措施，并采用干式消火栓系统和干式室外消火栓。

⑤ 干式消火栓系统的充水时间不应大于 5min，并应符合下列规定：

a. 在干管上宜设干式报警阀、雨淋阀或电磁阀、电动阀等快速启闭装置，当采用电动阀时开启时间不应超过 30s；

b. 当采用雨淋阀或电磁阀、电动阀时，在消火栓箱处应设置直接开启快速启闭装置的手动按钮；

c. 在系统管道的最高处应设置快速排气阀。

6. 消火栓消防系统管道布置

室内消火栓超过 10 个且室内消防用水量大于 15L/s 时，室内消防给水管道至少应有两条引入管与室外环状管网连接，并应将室内管道连成环状或将引入管与室外管道连成环状。当环状管网的一条引入管发生故障时，其余的引入管应仍能供应全部用水量。7～9 层的单元住宅，其室内消防给水管道可为枝状，引入管可采用一条。超过 6 层的塔式（采用双出口消火栓者除外）和通廊式住宅，超过 5 层或体积超过 10000m³ 的其他民用建筑，超过 4 层的厂房和库房，如室内消防竖管为两条或两条以上时，应至少每两根竖管相连组成环状管道。

室内消防给水管道应用阀门分成若干独立段，如某段损坏时，停止使用的消火栓在一层中不应超过 5 个。阀门应经常处于开启状态，并应有明显的启闭标志。

消防用水与其他用水合并的室内管道，当其他用水达到最大秒流量时，应仍能供应全部消防用水量。淋浴用水量可按计算用水量的 15% 计算，洗刷用水可不计算在内。引入管上设置的计量设备不应降低引入管的过水能力。室内消火栓给水管网与自动喷水灭火设备的管网宜分开设置，如有困难，应在报警阀前分开设置。

三、自动喷水灭火系统

（一）自动喷水灭火系统的设置

自动喷水灭火系统是一种固定形式的自动灭火装置。系统的喷头以适当的间距和高度安装于建筑物、构筑物内部。当建筑物内发生火灾时，喷头会自动开启灭火，同时发出火警信号，启动消防水泵从水源抽水灭火。

除《建筑设计防火规范》（GB 50016—2014）另有规定和不宜用水保护或灭火的场所外，下列厂房或生产部位应设置自动灭火系统，并宜采用自动喷水灭火系统：

① 不小于 50000 纱锭的棉纺厂的开包、清花车间，不小于 5000 锭的麻纺厂的分级、梳麻车间，火柴厂的烤梗、筛选部位；

② 占地面积大于 1500m² 或总建筑面积大于 3000m² 的单、多层制鞋、制衣、玩具及电子等类似生产车间；

③ 占地面积大于 1500m² 的木器厂房；

④ 泡沫塑料厂的预发、成型、切片、压花部位；

⑤ 高层乙、丙、丁类厂房；

⑥ 建筑面积大于 500m² 的地下或半地下的丙类厂房。

除《建筑设计防火规范》（GB 50016—2014）另有规定和不宜用水保护或灭火的场所外，下列仓库应设置自动灭火系统，并宜采用自动喷水灭火系统：

① 每座占地面积超过 1000m² 的棉、麻、毛、丝、化纤、毛皮及其制品库房，单层占地面积不大于 2000m² 的棉花库房可不设置自动喷水灭火系统；

② 每座占地面积超过 600m² 的火柴库房；

③ 邮政建筑内建筑面积大于 500m² 的空邮袋库；

④ 可燃、难燃物品的高架仓库和高层仓库；

⑤ 设计温度高于 0℃ 的高架冷库，设计温度高于 0℃ 且每个防火分区建筑面积大于 1500m² 的非高架冷库；

⑥ 总建筑面积大于 500m² 的可燃物品地下仓库；

⑦ 每座占地面积超过 1500m² 或总建筑面积大于 3000m² 的其他单层或多层丙类物品仓库。

除《建筑设计防火规范》（GB 50016—2014）另有规定和不宜用水保护或灭火的场所外，下列高层民用建筑或场所应设置自动灭火系统，并宜采用自动喷水灭火系统：

① 一类高层公共建筑（除游泳池、溜冰场外）及其地下、半地下室；

② 二类高层公共建筑及其地下、半地下室的公共活动房、走道、办公室和旅馆的客房、可燃物品库房、自动扶梯底部；；

③ 高层民用建筑内歌舞娱乐放映游艺场所；

④ 建筑高度大于 100m 的住宅建筑。

除《建筑设计防火规范》（GB 50016—2014）另有规定和不宜用水保护或灭火的场所外，下列单、多层民用建筑或场所应设置自动灭火系统，并宜采用自动喷水灭火系统：

① 特等、甲等剧场，超过 1500 个座位的其他等级的剧场，超过 2000 个座位的会堂或礼堂，超过 3000 个座位的体育馆，超过 5000 个座位的体育场的室内休息室与器材间等；

② 任一层建筑面积大于 1500m² 或总建筑面积大于 3000m² 的展览馆、商店、餐饮和旅馆建筑以及医院中同样建筑规模的病房楼、门诊楼和手术室；

③ 设置送回风道（管）的集中空气调节系统且总建筑面积大于 3000m² 的办公建筑等；

④ 藏书量超过 50 万册的图书馆；

⑤ 大、中型幼儿园，总建筑面积大于 500m² 的老年人建筑；

⑥ 总建筑面积大于 500 m² 的地下、半地下商店；

⑦ 设置在地下、半地下或地上 4 层及以上楼层的歌舞、娱乐、放映、游艺场所（游泳池除外），设置在首层、2 层、3 层且任一层建筑面积大于 300m² 的地上歌舞、娱乐、放映、游艺场所（游泳池除外）。

《建筑设计防火规范》（GB 50016—2014）规定下列部位宜设置水幕系统：

① 特等、甲等剧场，超过 1500 个座位的其他等级的剧场，超过 2000 个座位的会堂或礼堂和高层民用建筑内超过 800 个座位的剧场或礼堂的舞台口及上述场所内与舞台相连的侧台、后台的洞口；

② 应设防火墙等防火分隔物而无法设置的开口部位；

③ 需要防护冷却的防火卷帘或防火幕的上部。

舞台口也可采用防火幕进行分隔，侧台、后台的较小洞口宜设置乙级防火门、窗。

《建筑设计防火规范》（GB 50016—2014）规定下列部位宜设置雨淋自动喷水灭火系统：

① 火柴厂的氯酸钾压碾厂房，建筑面积超过 100m² 且生产或使用硝化棉、喷漆棉、火胶棉、赛璐珞胶片、硝化纤维的厂房；

② 乒乓球厂的轧坯、切片、磨球、分球检验部位；

③ 建筑面积超过 60m² 或贮存量超过 2t 的硝化棉、喷漆棉、赛璐珞胶片、硝化纤维的

库房；

④ 日装瓶数量超过 3000 瓶的液化石油储配站的灌瓶间、实瓶库；

⑤ 特等、甲等剧场、超过 1500 个座位的其他等级剧场和超过 2000 个座位的会堂或礼堂的舞台葡萄架下部；

⑥ 建筑面积不小于 400m² 的演播室，建筑面积不小于 500m² 的电影摄影棚；

《建筑设计防火规范》（GB 50016—2014）规定下列场所应设置自动灭火系统，并宜采用水喷雾灭火系统：

① 单台容量在 40MW 及以上的厂矿企业可燃油浸电力变压器、单台容量在 90MW 及以上的电厂油浸电力变压器或单台容量在 125MW 及以上的独立变电所可燃油浸电力变压器；

② 飞机发动机试验台的试车部分；

③ 充可燃油并设置在高层民用建筑内的高压电容器和多油开关室。

设置在室内的油浸变压器、充可燃油的高压电容器和多油开关室可采用水喷雾灭火系统。

（二）闭式自动喷水灭火系统

1. 闭式自动喷水灭火系统的类型

闭式系统主要可分为湿式系统、干式系统、预作用系统和重复启闭预作用系统。

（1）湿式自动喷水灭火系统 见图 1-27。喷水管网中经常充满有压力的水，发生火灾时，高温火焰或高温气流使闭式喷头的热敏感元件动作，闭式喷头自动打开喷水灭火。

湿式自动喷水灭火系统适用于室内环境温度不低于 4℃ 和不高于 70℃ 的建筑物和构筑物。

（2）干式自动喷水灭火系统 干式自动喷水灭火系统适用于室内温度低于 4℃ 或高于 70℃ 的建筑物和构筑物，主要由闭式喷头、管路系统、报警装置、干式报警阀、充气设备及供水系统组成。由于在报警阀上部管路中充以有压气体，故称干式喷水灭火系统。

（3）预作用自动喷水灭火系统 不允许有水渍损失的建筑物、构筑物中宜采用预作用自动喷水灭火系统。系统主要由火灾探测系统、闭式喷头、预作用阀、报警装置及供水系统组成。预作用喷水灭火系统将火灾自动探测控制技术和自动喷水灭火技术相结合，系统平时处于干式状态，当发生火灾时，能对火灾进行初期报警，同时迅速向管网充水使系统成为湿式状态，进而喷水灭火。系统的这种转变过程包含着预备动作的作用，故称预作用喷水灭火系统。

（4）重复启闭预作用系统 重复启闭预作用系统是在预作用系统的基础上发展起来的一种自动喷水灭火系统新技术。该系统不但能自动喷水灭火，而且当火被扑后又能自动关闭系统。这种系统在灭火过程中能尽量减少水的破坏力，但不失去灭火的功能。

重复启闭预作用系统的组成和工作原理与预作用系统相似，不同之处是重复启闭预作用系统采用了一种即可输出火警信号，又可在环境恢复常温时输出灭火信号的感温探测器。当感温探测器感应到环境的温度超出预定值时，报警并开启供水泵和打开具有复位功能的雨淋阀，为配水管道充水，并在喷头动作后喷水灭火。喷水过程中，当火场温度恢复至常温时，探测器发出关停系统的信号，在按设定条件延迟喷水一段时间后关闭雨淋阀停止喷水。若火灾复燃、温度再次升高时，系统则再次启动，直至彻底灭火。

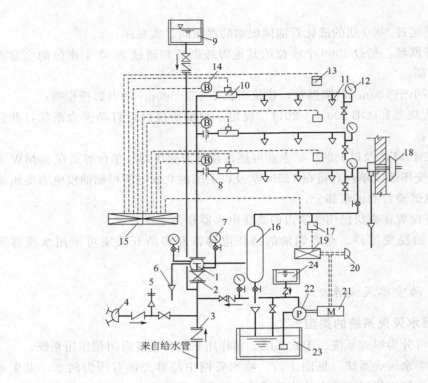

图 1-27　湿式自动喷水灭火系统

1—湿式报警阀；2—闸阀；3—止回阀；4—水泵接合器；5—安全阀；6—排水漏斗；7—压力表；8—节流孔板；
9—高位水箱；10—水流指示器；11—闭式洒水喷头；12—压力表；13—感烟探测器；14—火灾报警
装置；15—火灾收信机；16—延迟器；17—压力继电器；18—水力报警器；19—电气控制箱；
20—按钮；21—驱动电机；22—消防泵；23—消防水池；24—水泵补充水箱

该系统功能优于其他喷水灭火系统，但造价高，一般只适用于灭火后必须及时停止喷水，要求减少不必要水渍的建筑。例如电缆间、集控室计算机房、配电间、电缆隧道等。

2. 闭式自动喷水灭火系统的主要部件

闭式自动喷水灭火系统主要部件有闭式喷头、报警阀、水流报警装置、延迟器和火灾探测器等。

（1）闭式喷头　闭式喷头按感温元件分为玻璃球喷头和易熔合金锁片喷头。玻璃球喷头是在热的作用下，使玻璃球内的液体膨胀产生压力，导致玻璃球爆破脱落喷水，见图 1-28。易熔合金锁片喷头是在热的作用下，使易熔合金锁片熔化脱落而开启喷水，见图 1-29。按溅水盘的形式和安装位置分为直立型、下垂型、边墙型、普通型、吊顶型和干式下垂型洒水喷头。

（2）报警阀　报警阀作用的是开启和关闭管网的水流，传递控制信号至控制系统并启动水力警铃直接报警。

湿式自动喷水灭火系统采用的是湿式报警阀，干式自动喷水灭火系统安装干式报警阀。报警阀安装在立管上。

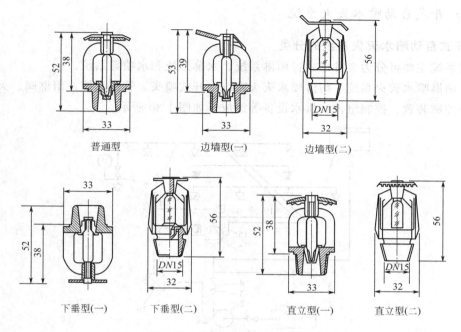

图 1-28 玻璃球喷头构造示意图

（3）水流报警装置 水流报警装置主要有水力警铃、水流指示器和压力开关。

① 水力警铃。主要用于湿式自动喷水灭火系统，宜装在报警阀附近（其连接管不宜＞6m）。当报警阀打开消防水源后，具有一定压力的水流冲动叶轮打铃报警。水力警铃不得由电动报警装置取代。

② 水流指示器。用于湿式自动喷水灭火系统中。通常安装在各楼层配水干管或支

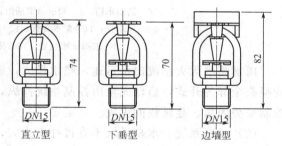

图 1-29 易熔合金锁片喷头构造示意图

管上，其功能是当喷头开启喷水时，水流指示器中桨片摆动接通电信号送至报警控制器报警，并指示火灾楼层。

③ 压力开关。垂直安装于延迟器和水力警铃之间的管道上。在水力警铃报警的同时，依靠警铃管内水压的升高自动接通电触点，完成电动警铃报警，并向消防控制室传送电信号或启动消防水泵。

（4）延迟器 延迟器是一个罐式容器，安装于报警阀与水力警铃（或压力开关）之间。用于防止由于水源水压波动原因引起报警阀开启而导致的误报。报警阀开启后，水流需经30s左右充满延迟器后方可冲入水力警铃。

（5）火灾探测器 火灾探测器是自动喷水灭火系统的重要组成部分。目前常用的有感烟、感温探测器。感烟探测器是利用火灾发生地点的烟雾浓度进行探测，感温探测器是通过火灾引起的温升进行探测。火灾探测器布置在房间或走廊的天花板下面，其数量应根据探测器的保护面积和探测区的面积计算确定。

（三）开式自动喷水灭火系统

1. 开式自动喷水灭火系统的分类

开式系统主要可分为 3 种形式：雨淋系统、水幕系统和水喷雾系统。

（1）雨淋喷水灭火系统　雨淋喷水灭火系统由开式喷头、管道系统、雨淋阀、火灾探测器、报警控制装置、控制组件和供水设备等组成，如图 1-30 所示。

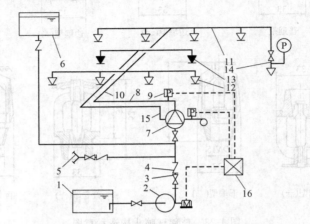

图 1-30　传动管启动雨淋喷水灭火系统

1—水池；2—水泵；3—闸阀；4—单向阀；5—水泵结合器；
6—消防水箱；7—雨淋报警阀组；8—配水干管；9—压力开关；
10—配水管；11—配水支管；12—开式洒水喷头；13—闭式喷头；
14—末端试水装置；15—传动管；16—报警控制器

雨淋喷水灭火系统出水迅速，喷水量大，覆盖面积大，其降温和灭火效率显著。但系统的喷头全部为开式，启动完全由控制系统操纵，因而自动控制系统的可靠性要求高。适用于控制来势凶猛、蔓延快的火灾。

（2）水幕系统　水幕系统不直接扑灭火灾，而是阻挡火焰热气流和热辐射向邻近保护区扩散，起到防火分隔作用。

水幕系统的工作原理与雨淋自动喷水灭火系统基本相同，只是喷头出水的状态不同及作用不同。按水幕系统灭火的不同作用，可将该系统分为冷却型、局部阻火型及防火水幕带三种类型。冷却型水幕主要以冷却作用为主，增强建（构）筑物的耐火性能，以防火灾扩展。如某些不宜采用防火门、防火窗而用简易防火分隔物代替的部位，其上部设置的水幕即为此类。局部阻火型水幕设置于建筑物中一些面积较小（<3m²）的孔洞、开口处。防火水幕带一般用在需要而无法装置防火分隔物的部位，如展览楼的展览厅、剧院的舞台等，防火水幕可起到分隔及防止火灾进一步扩大的作用。

（3）水喷雾灭火系统　该系统用喷雾喷头把水粉碎成细小的水雾滴之后喷射到正在燃烧的物质表面，通过表面冷却、窒息以及乳化、稀释的同时作用实现灭火。由于水喷雾具有多种灭火机理，使其具有适用范围广的优点，不仅可以提高扑灭固体火灾的灭火效率，同时由于水雾具有不会造成液体火飞溅、电气绝缘性好的特点，在扑灭可燃液体火灾、电气火灾中均得到了广泛的应用，如飞机发动机试验台、各类电气设备、石油加工场所等。

2. 开式自动喷水灭火系统主要部件

开式自动喷水灭火系统主要部件有开式喷头、雨淋阀和火灾探测传动控制系统等。

（1）开式喷头 开式喷头主要应用于水幕系统和雨淋喷水灭火系统。开式喷头与闭式喷头的区别仅在于缺少由热敏感元件组成的释放机构，喷口呈常开状态，主要分为洒水喷头、水幕喷头和喷雾喷头，见图 1-31。

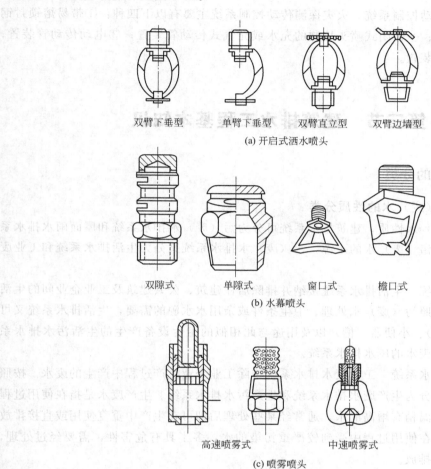

双臂下垂型　　单臂下垂型　　双臂直立型　　双臂边墙型

(a) 开启式洒水喷头

双隙式　　　单隙式　　　窗口式　　　檐口式

(b) 水幕喷头

高速喷雾式　　　　　中速喷雾式

(c) 喷雾喷头

图 1-31 开式喷头构造示意图

（2）雨淋阀 雨淋阀主要用于雨淋系统、预作用喷水灭火系统、水幕系统和水喷雾灭火系统，它仍是靠水压力控制阀的开启和关闭。图 1-32 为隔膜型雨淋阀。

阀体内部分成 A、B、C 三室，A 室接于供水管上，B 室接雨淋配水管，C 室与传动管网相连。平时 A、B、C 三室均充满水。而由于 C 室通过一个直径为 3mm 的小孔阀与供水管相通，使 A、C 两室的水具有相同的压力。B 室内的水具有静压力，其静压力是由雨淋管

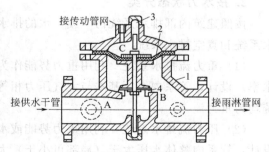

接传动管网

接供水干管　　接雨淋管网

图 1-32 隔膜型雨淋阀

1—阀体；2—大圆盘橡胶隔膜；3—工作塞；4—小圆盘橡胶隔膜

网的水平管道与雨淋阀之间的高差造成。位于 C 室的大圆盘隔膜的面积是位于 A 室小圆盘隔膜面积的两倍以上，因此处于相同水压力下，雨淋阀处于关闭状态。当发生火灾时，火灾探测控制设备将自动使 C 室中的水流出，水压释放，C 室内大圆盘上的压力骤降，大圆盘上、下两侧形成大的压力差，雨淋阀在供水管的水压推动下自动开启，向雨淋管网供水灭火。

（3）火灾探测传动控制系统　火灾探测传动控制系统主要有以下四种：①带易熔锁封钢索绳控制的传动装置；②带闭式喷头控制的充水或充气式传动管装置；③电动传动管装置；④手动旋塞传动控制装置。

第三节　建筑排水工程基本知识

一、污水排水系统的分类

1. 按所排除污（废）水的性质分类

按所排除污（废）水性质，建筑排水系统可分为污（废）水排水系统和屋面雨水排水系统两大类，其中根据污（废）水的来源，污（废）水排水系统又分为生活排水系统和工业废水排水系统。

（1）生活排水系统　生活排水系统接纳并排除居住建筑、公共建筑及工业企业间的生活污水与生活废水。按照污（废）水处理、卫生条件或杂用水水源的需要，生活排水系统又可分为排除大便器（槽）、小便器（槽）以及用途与此相似的卫生设备产生的生活污水排水系统和排除盥洗、洗涤废水的废水排水系统。

（2）工业废水排水系统　工业废水排水系统排除工业企业生产过程中产生的废水。按照污染程度的不同，可分为生产废水排水系统和生产污水排水系统。生产废水是指在使用过程中受到轻度污染或水温稍有增高的水，通常经某些处理后即可在生产中重复使用或直接排放水体。生产污水是指在使用过程中受到较严重污染的水，多半具有危害性，需要经过处理，达到排放标准后才能排放。

（3）建筑雨水排水系统　建筑雨水排水系统收集排除屋面、墙面和窗井等雨（雪）水。

2. 按水力状态分类

按照建筑内部排水系统污（废）水的排水水力状态，可分为重力流排水系统、压力流排水系统和真空排水系统。

（1）重力流排水系统　利用重力势能作为排水动力，管道系统排水按一定充满度（或充水率）设计，管系内水压基本与大气压力相等的排水系统。常见的和传统的建筑内部排水系统均为重力流。

（2）压力流排水系统　利用重力势能或水泵等机械作为排水动力，管道系统排水按满流设计，管系内整体水压大于（局部可小于）大气压力的排水系统。重力流排水有困难或组团排水为减小排水管径时，可采用压力流排水。

压力流排水系统是在卫生器具排水口下装设微型污水泵，卫生器具排水时微型污水泵启动加压排水，使排水管内的水流状态由重力非满流变为压力满流。压力流排水系统的排水管径小，管配件少，占用空间小，横管无需坡度，流速大，自净能力较强，管道布置不受限制，卫生器具出口可不设水封，室内环境卫生条件好。

（3）真空排水系统 在建筑物地下室内设有真空泵站，真空泵站由真空泵、真空收集器和污水泵组成。采用设有手动真空阀的真空坐便器，其他卫生器具下面设液位传感器，自动控制真空阀的启闭。卫生器具排水时真空阀打开，真空泵启动，将污水吸到真空收集器里贮存，定期由污水泵将污水送到室外。真空排水系统能节水（真空坐便器一次用水量是普通坐便器的 1/6），管径小（真空坐便器排水管管径为 d_e40mm，而普通坐便器最小为 d_e117mm），横管无需重力坡度，甚至可向高处流动（最高达 5m），自净能力强，管道不会淤积，即使管道受损，污水也不会外漏。

二、污（废）水排水系统的组成

建筑内部污（废）水排水系统一般由卫生器具和生产设备的受水器、排水管道、清通设备和通气管道组成。在有些建筑的污（废）水排水系统中，根据需要还设有污（废）水的提升设备和局部处理构筑物，如图 1-33 所示。

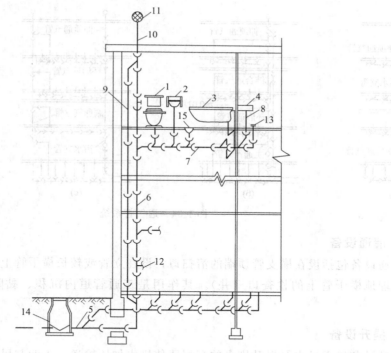

图 1-33 污（废）水排水系统组成

1—坐便器；2—洗脸盆；3—浴盆；4—厨房洗涤盆；5—排水出户管；
6—排水立管；7—排水横支管；8—器具排水管（含存水弯）；
9—专用通气管；10—伸顶通气管；11—通气帽；12—检查口；
13—清扫口；14—排水检查井；15—地漏

1. 卫生器具和生产设备受水器

卫生器具又称卫生设备或卫生洁具，是接纳、排出人们在日常生活中产生的污（废）

水或污物的容器或装置。生产设备受水器是接纳、排出工业企业在生产过程中产生的污（废）水或污物的容器或装置。除便溺用的卫生器具外，其他卫生器具均在排水口处设置栏栅。

2. 排水管道

排水管道包括器具排水管（含存水弯）、横支管、立管、埋地干管和排出管。其作用是将各个用水点产生的污（废）水及时、迅速输送到室外。

3. 通气系统

由于建筑内部排水管内是气、水两相流，为保证排水管道系统内空气流通，压力稳定，避免因管内压力波动使有毒、有害气体进入室内，减少排水系统噪声，需设置通气系统。通气系统包括伸顶通气管、专用通气管以及专用附件。通气系统包括伸顶通气管、专用通气管以及专用附件。建筑标准要求较高的多层住宅和公共建筑，10 层及 10 层以上的高层建筑的生活污水立管宜设专用通气立管。如果生活排水立管所承担的卫生器具排水设计流量，超过仅设伸顶通气立管的排水立管的最大排水能力时，应设专用通气管道系统。专用通气管道系统包括通气支管、通气立管、结合通气管和汇合通气管等，详见图 1-34。

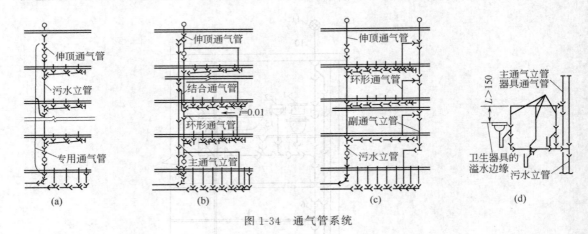

图 1-34　通气管系统

4. 清通设备

清通设备包括设在横支管顶端的清扫口，设在立管或较长横干管上的检查口和设在室内较长的埋地横干管上的检查口（井）。其作用是疏通管道内沉积、黏附物，保障管道排水畅通。

5. 提升设备

提升设备指通过水泵提升排水的高程或使排水加压输送。工业与民用建筑的地下室、人防建筑、高层建筑的地下技术层和地下铁道等处标高较低，在这些场所产生、收集的污（废）水不能自流排至室外的检查井，须设污（废）水提升设备。

6. 污水局部处理构筑物

当建筑内部污水未经处理不允许直接排入市政排水管网或水体时，需设污水局部处理构筑物，如处理民用建筑生活污水的化粪池，降低锅炉、加热设备排污水水温的降温池，去除含油污水的隔油池，以及以消毒为主要目的的医院污水处理构筑物等。

三、污水排水管道系统的类型

根据排水系统的通气方式，建筑内部污（废）水排水系统分为单立管排水系统、双立管排水系统和三立管排水系统，如图 1-35 所示。

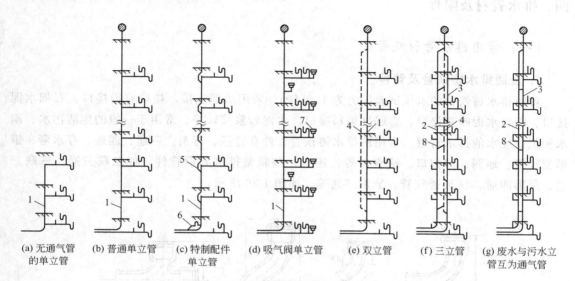

图 1-35 污水排水管道系统的类型

1—排水立管；2—污水立管；3—废水立管；4—通气立管；5—上部特制配件；

6—下部特制配件；7—吸气阀；8—结合通气管

1. 单立管排水系统

单立管排水系统是指只有一根排水立管，没有专门通气立管的系统。按建筑层数和卫生器具的多少，它可分为无通气管的单立管排水系统、有通气立管的普通单立管排水系统和特制配件单立管排水系统三种类型。

无通气管的单立管排水系统适用于立管短，卫生器具少，排水量小，立管顶端不便伸出屋面的情况。

有通气的普通单立管排水系统适用于一般多层建筑。

特制配件的单立管排水系统是在横支管与伸顶通气排水系统的立管连接处，设置特制配件代替一般的三通，在立管底部与横干管或排出管连接处设置特制配件代替一般的弯头。这种通气方式是在排水立管管径不变的情况下利用特殊结构改变水流方向和状态，增大排水能力。因此也叫诱导式内通气。适用于各类多层和高层建筑。

2. 双立管排水系统

双立管排水系统是由一根排水立管和一根通气立管组成。排水立管和通气立管进行气流交换，也称干式外通气。适用于污（废）水合流的各类多层和高层建筑。

3. 三立管排水系统

三立管排水系统由一根生活污水立管、一根生活废水立管和一根通气立管组成，两根排水立管共用一根通气立管。三立管排水系统的通气方式也是干式外通气，适用于生活污水和生活废水需分别排出室外的各类多层和高层建筑。

在三立管排水系统中去掉专用通气立管，将废水立管与污水立管每隔两层互相连接，利用两立管的排水时间差，互为通气立管，这种外通气方式也叫湿式外通气。

四、排水管材及附件

(一) 常用排水管材及管件

1. 普通排水铸铁管及管件

普通排水铸铁管的水压试验压力为1.5MPa，采用承插连接，接口有铅接口、石棉水泥接口、沥青水泥砂浆接口、膨胀性填料接口、水泥砂浆接口等。常用于一般的生活污水、雨水和工业废水的排水管道。常用的排水铸铁管管件有管箍、弯头、三通、四通、存水弯、锥形变径管、地漏、清扫口、检查口等。还有一些新型排水异形管件，如二联三通、三联三通、角形四通、H形透气管、Y形三通等，如图1-36所示。

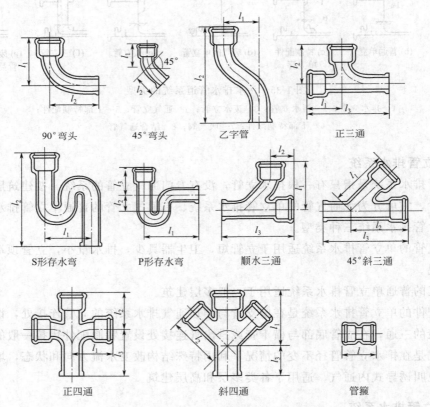

90°弯头　　45°弯头　　乙字管　　正三通

S形存水弯　　P形存水弯　　顺水三通　　45°斜三通

正四通　　斜四通　　管箍

图1-36　常用的排水铸铁管管件

2. 柔性接口排水铸铁管及管件

柔性接口排水铸铁管在管内水压下具有良好的曲挠性与伸缩性，能适应建筑楼层间变位导致的轴向位移和横向曲挠变形，防止管道裂缝与折断。柔性接口排水铸铁管有两种，一种是连续铸造工艺制造，承口带法兰，管壁较厚，采用法兰压盖、橡胶密封圈、螺栓连接，如

图 1-37（a）所示；另一种是水平旋转离心铸造工艺制造，无承口，管壁薄而均匀，质量轻，采用不锈钢带、橡胶密封圈、卡紧螺栓连接，如图 1-37（b）所示，具有安装更换管道方便、美观的特点。

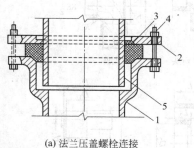 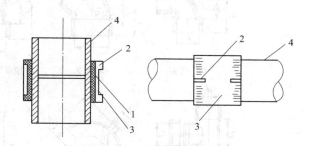

(a) 法兰压盖螺栓连接　　　　　　　　　(b) 不锈钢带卡紧螺栓连接

1—承口端头；2—法兰压盖；3—橡胶密封圈；　　　1—橡胶圈；2—卡紧螺栓；3—不锈钢带；4—排水铸铁管

4—紧固螺栓；5—插口端头

图 1-37　排水铸铁管连接方法

柔性排水铸铁管管件有立管检查口、三通、45°三通、45°弯头、90°弯头、45°和 30°通气管、四通、P 形和 S 形存水弯等。

柔性接口排水铸铁管具有强度大、抗振性能好、噪声低、防火性能好、寿命长、膨胀系数小、安装施工方便、美观（不带承口）、耐磨和耐高温性能好的优点。但是造价较高。建筑高度超过 100m 的高层建筑、对防火等级要求高的建筑物、地震区建筑、要求环境安静的场所、环境温度可能出现 0℃ 以下的场所以及连续排水温度大于 40℃ 或瞬时排水温度大于 80℃ 的排水管道应采用柔性接口机制排水铸铁管。

3. 塑料排水管及管件

目前在建筑排水工程中广泛使用的排水塑料管是硬聚氯乙烯塑料管（简称 UPVC 管）。UPVC 管具有质量轻、表面光滑、外表美观、耐腐蚀、容易切割、便于安装、造价低廉、外表美观和节能等优点。但塑料管也有强度低、耐温性差（使用温度在 −5～50℃ 之间）、立管噪声大、暴露于阳光下的管道易老化、防火性能差等缺点。

排水塑料管有普通排水塑料管、芯层发泡排水塑料管、拉毛排水塑料管和螺旋消声排水塑料管等几种。管道连接方法有螺纹和胶圈连接及粘接，常用粘接方法，既快捷方便又牢固。硬聚氯乙烯排水管常用管件如图 1-38 所示。

（二）附件

1. 检查口

检查口是装在排水立管上，用于清通排水立管的附件。隔一层设置一个检查口，其间距不大于 10m，但在最底层和有卫生器具的最高层必须设置。检查口中心距操作地面一般为 1m，并应高于该层卫生器具上边缘 0.15m。

2. 清扫口

清扫口是装在排水横管上，用于清扫排水横管的附件。清扫口设置在楼板或地坪上且与地面相平。也可用带清扫口的弯头配件或在排水管起点设置堵头代替清扫口。污水管起点的

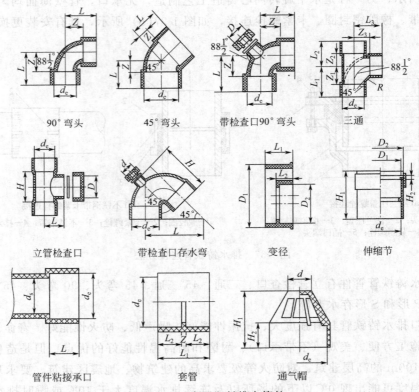

90° 弯头　　45° 弯头　　带检查口90° 弯头　　三通

立管检查口　　带检查口存水弯　　变径　　伸缩节

管件粘接承口　　套管　　通气帽

图 1-38　常用塑料排水管件

清扫口与管道相垂直的墙面距离不得小于 0.20m；若污水管起点设置堵头代替清扫口时，与墙面距离不得小于 0.40m。污水横管的直线管段，应按设计要求的距离设置检查口或清扫口。

3. 存水弯

存水弯是在卫生器具排水管上或卫生器具内部设置的有一定高度的水柱（一般为 50～100mm），防止排水管道系统中的气体窜入室内的附件。存水弯内一定高度的水柱称为水封。由于使用范围较广，为适用于各种卫生器具和排水管道的连接，其种类较多，一般有以下几种形式。

（1）S 形存水弯［图 1-39（a）］　具有小型、污水不宜停留等特点。适用于排水横管距卫

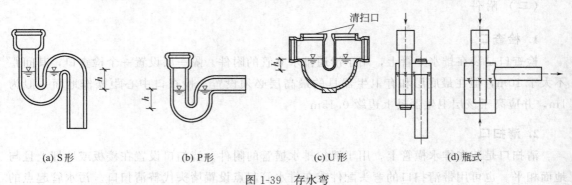

(a) S形　　(b) P形　　(c) U形　　(d) 瓶式

图 1-39　存水弯

生器具出水口位置较近的场所。

（2）P形存水弯［图1-39(b)］　具有小型、污水不宜停留，冲洗排水时易引起虹吸，破坏水封等特点。适用于排水横管距卫生器具出水口较远，器具排水管与排水横管垂直连接的场所。

（3）U形存水弯［图1-39(c)］　设在水平横支管上，为防止污物沉积，一般在U形存水弯两侧设置清扫口。

（4）瓶式存水弯［图1-39(d)］　存水弯本身由管体组成，但排水管不连续，其特点是易于清通，外形较美观，一般用于洗脸盆或洗涤盆等卫生器具的排出管上。

（5）补气存水弯（图1-40）。卫生器具大量排水时形成虹吸，当排水过程快结束时，向存水弯出水端补气，防止惯性虹吸过多吸走存水弯内的水，保证水封的高度。其中，（a）为外置内补气，（b）为内置内补气，（c）为外补气。

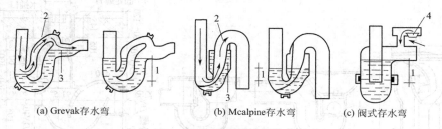

（a）Grevak存水弯　　　　　　　（b）Mcalpine存水弯　　　　　（c）阀式存水弯

图1-40　几种新型的补气存水弯

1—水封；2—补气管；3—滞水室；4—阀口

（6）存水盒　适用场所与S形存水弯相同，安装较灵活，便于清掏。

4. 地漏

地漏是一种内有水封，用来排放地面水的特殊排水装置，一般设置在经常有水溅落的卫生器具附近地面（如浴盆、洗脸盆、小便器、洗涤盆等）、地面有水需要排除的场所（如淋浴间、水泵房）或地面需要清洗的场所（如食堂、餐厅），住宅还可用作洗衣机排水口。

地漏按其构造有扣碗式、多通道式、双箅杯式、防回流式、密闭式、无水式、防冻式、侧墙式、洗衣机专用地漏等多种形式，如图1-41所示。

为防止排水系统中气体经地漏进入室内，地漏的水封深度不得小于50mm，地漏的箅子应低于地面5～10mm。选用何种类型地漏，应根据卫生器具种类、布置、建筑构造及排水横管布置情况确定。卫生标准要求高或非经常使用地漏排水的场所，应设置密闭地漏。食堂、厨房、公共浴室等排水宜设置网板式地漏。卫生间内设有洗脸盆、浴盆（淋浴盆）且地面需排水时，宜设置多通道地漏。

五、卫生器具

（一）盥洗用卫生器具

1. 洗脸盆

洗脸盆一般是用于洗脸、洗手和洗头用的盥洗用卫生器具。设置在卫生间、盥洗室、浴

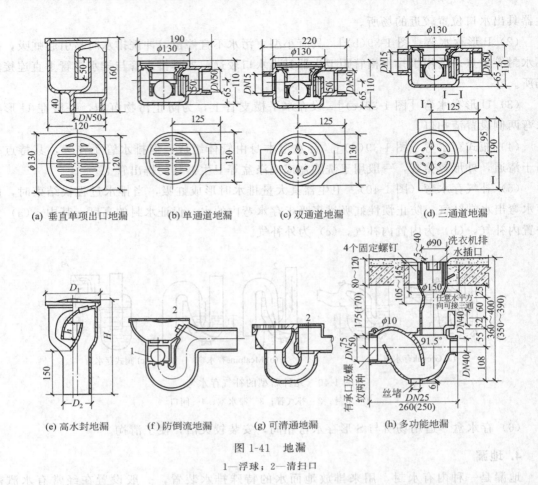

(a) 垂直单项出口地漏　　(b) 单通道地漏　　(c) 双通道地漏　　(d) 三通道地漏

(e) 高水封地漏　　(f) 防倒流地漏　　(g) 可清通地漏　　(h) 多功能地漏

图 1-41　地漏
1—浮球；2—清扫口

室及理发室内。按外形分有长方形、椭圆形、马蹄形和三角形，按安装方式分有挂式、立柱式和台式。洗脸盆材质多为陶瓷制品，也有搪瓷、玻璃钢和人造大理石等。

2. 盥洗槽

盥洗槽是设在公共卫生间内，可供多人同时洗手洗脸等用的盥洗卫生器具。按水槽形式分有单面长条形、双面长条形和圆环形。多采用钢筋混凝土现场浇筑、水磨石或瓷砖贴面，也有不锈钢、搪瓷、玻璃钢等制品。

（二）沐浴用卫生器具及安装

1. 浴盆

浴盆是供人们清洗全身用的洗浴卫生器具。设在住宅、宾馆、医院等卫生间及公共浴室内。多为陶瓷制品，也有搪瓷、玻璃钢、人造大理石等制品。按使用功能分有普通浴盆、坐浴盆与旋涡浴盆。按形状分有长方形、圆形、三角形和人体形。按有无裙边分有无裙边和有裙边。

旋涡浴盆是一种装有水力按摩装置的浴盆，可以进行水力理疗，其附带的旋涡泵装在浴盆下面，使浴水不断经过洗浴者，进行水力循环。有的进口还附有夹带空气的装置，气水混合的水流不断接触人体，起按摩作用。水流方向与冲力可以调节，有加强血液循环、松弛肌肉、促进新陈代谢、迅速消除疲劳的功能。

2. 淋浴器

淋浴器是一种由莲蓬头、出水管和控制阀组成，喷洒水流供人沐浴的卫生器具。与浴盆相比，具有占地小，造价低，耗水量少和清洁等优点，因此，被广泛地应用于住宅、旅馆、工业企业生活间、医院、学校、机关、体育馆等建筑的卫生间或公共浴室内。按供水方式分有单管式或双管式；按出水管的形式分有固定式和软管式；按控制阀分有手动式、脚踏式和自动式；按莲蓬头分有散流式、充气式和按摩式；按清洗范围分有普通淋浴器和半身淋浴器。

淋浴器有成套供应的成品和现场用管件组装两类，淋浴器的冷、热水管有明装和暗装两种，为安装、维修方便，多采用明装。

3. 净身盆

净身盆是一种由坐便器、喷头和冷热水混合阀等组成的卫生器具。供便溺后清洗下身用，更适合妇女和痔疮者使用，常设在设备完善的旅馆客房、住宅、女职工较多的工业企业及妇产科医院等建筑卫生间内。净身盆的尺寸与大便器基本相同，有立式和墙挂式两种。

（三）洗涤用卫生器具

1. 洗涤盆（池）

洗涤盆（池）是洗涤餐具器皿和食物用的卫生器具。一般设在住宅、公共和营业性厨房内，材质多为陶瓷、搪瓷、玻璃钢和不锈钢等。按分格数量分有单格、双格和三格。有的还带隔板和背衬。

2. 化验盆

化验盆是洗涤化验器皿，供化验用水，倾倒化验污水用的卫生器具。盆体本身带有存水弯，材质多用陶瓷，也有玻璃钢、搪瓷制品。根据使用要求，可装设单联、双联和三联式鹅颈龙头。一般设在工厂、科研机关、学校的化验室或实验室内。

3. 污水盆（池）

污水盆（池）是供洗涤拖把、清扫卫生、倾倒污（废）水的洗涤用卫生器具。常设在公共建筑和工业企业的卫生间或盥洗室内。污水盆多用陶瓷、玻璃钢或不锈钢制品，污水池以水磨石现场建造。按设置高度，污水盆（池）有挂墙式和落地式两类。

（四）便溺用卫生器具

便溺用卫生器具设置在卫生间或厕所内，用来搜集生活污水。

1. 大便器

大便器用于接纳、排除粪便，同时防臭。按使用方式分有蹲式大便器和坐式大便器。

（1）蹲式大便器　蹲式大便器按其形状分有盘式和斗式，按污水出口的位置分有前出口和后出口。使用蹲式大便器时可避免因与人体直接接触引起某些疾病的传染，所以多用于集体宿舍和公共建筑物中的公共厕所中。蹲式大便器本身不带存水弯，安装时另加存水弯。在地板上安装蹲式大便器，至少需设高为 180mm 的平台。蹲式大便器可单独或成组安装。蹲式大便器多采用高位水箱或延时自闭式冲洗阀冲洗。

（2）坐式大便器　坐式大便器按其构造形式分有盘形和漏斗形、整体式（便器本体与冲洗水箱组装在一起）和分体式（便器本体与冲洗水箱单独设置）；按其安装方式有落地式和悬挂式；按排水出口的位置分为下出口和后出口。坐式大便器多采用低水箱进行冲洗，按冲洗水力的原理有直接冲洗式和虹吸式两类，如图 1-42 所示。

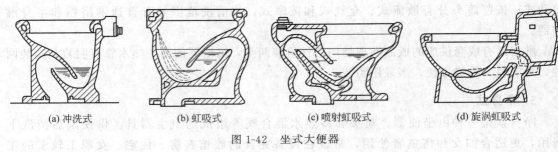

(a) 冲洗式　　　　　(b) 虹吸式　　　　　(c) 喷射虹吸式　　　　　(d) 旋涡虹吸式

图 1-42　坐式大便器

2. 大便槽

大便槽是可供多人同时使用的长条形沟槽。一般采用混凝土或钢筋混凝土浇筑，槽底有一定坡度，便槽用隔板分成若干蹲位。由于冲洗不及时，污物易附着在槽壁上，易散发臭味，但设备简单，造价低，常用于低标准的公共厕所如学校、火车站、汽车站、游乐场等场所。大便槽采用集中自动冲洗水箱或红外线数控冲洗装置。

3. 小便器

小便器是设置在公共建筑男厕所内，收集和排除小便的便溺用卫生器具，多为陶瓷制品，按形状分有立式和挂式两类。立式小便器又称落地小便器，用于标准高的建筑。挂式小便器，又称小便斗，安装在墙壁上。近几年带有光电数控的附属设施的光电数控小便器在公共场所使用较多。

4. 小便槽

小便槽是可供多人同时使用的长条形沟槽，由长条形水槽、冲洗水管、排水地漏或存水弯等组成。采用混凝土结构，表面贴瓷砖，用于工业企业、公共建筑和集体宿舍的公共卫生间。

5. 倒便器

又称便器冲洗器，供医院病房内倾倒粪便并冲洗便盆用的卫生器具。

（五）冲洗设备

冲洗设备是便溺用卫生器具的配套设备，有冲洗水箱和冲洗阀两种。

1. 冲洗水箱

按冲洗的水力原理冲洗水箱分为冲洗式、虹吸式两类，见图 1-43；按启动方式分为手动式、自动式；按安装位置分为高水箱和低水箱。为了满足不同冲洗水量需求，目前又开发出节水 60% 的双挡冲洗水箱，见图 1-44，水箱的开关分为两挡，可供两种冲洗水量分别用于冲洗粪便和尿液。按操作方式区分有杠杆式和按钮式、手拉式。

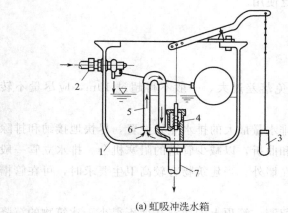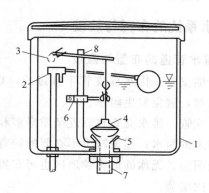

(a) 虹吸冲洗水箱

1—水箱；2—浮球阀；3—拉链；4—弹簧阀；
5—虹吸管；6—φ5小孔；7—冲洗管

(b) 水力冲洗水箱

1—水箱；2—浮球阀；3—扳手；4—橡胶球
阀；5—阀座；6—导向装置；7—冲洗管；
8—溢流管

图 1-43 手动冲洗水箱

公共厕所的大便槽、小便槽和成组的小便器常用自动冲洗水箱。它不需人工操作，依靠流入水箱的水量自动作用，当水箱内水位达到一定高度时，形成虹吸造成压差，使自动冲洗阀开启，将水箱内存水迅速排出进行冲洗。因在无人使用或极少人使用时自动冲洗水箱也定时用整箱储水冲洗，所以耗水量大。光电数控冲洗水箱可根据使用人数自动冲洗，在便器或便槽的入口附近布置一道光线，有人进出时便遮挡光线，每中断光线 2 次电控装置记录下 1 次人数，当人数达到预定数目时，水箱即放水冲洗，人数达不到时延时 20～30min 自动冲洗 1 次，无人使用便器时则不放水，可节水 50%～60%。

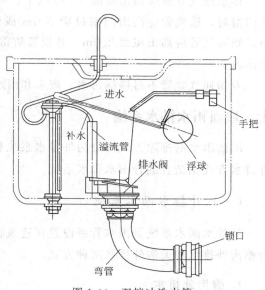

图 1-44 双挡冲洗水箱

冲洗水箱的优点是具有足够冲洗一次所需的贮水容量，水箱进水管管径小，所需出流水头小，即水箱浮球阀要求的流出水头仅 20～30kPa，一般室内给水压力均易满足；冲洗水箱起空气隔断作用，不致引起回流污染。冲洗水箱的缺点是占地大，有噪声，进水浮球阀容易漏水，水箱及冲洗管外壁易产生凝结水，自动冲洗水箱浪费水量。

2. 冲洗阀

冲洗阀为直接安装在大、小便器冲洗管上的另一种冲洗设备。体积小，外表洁净美观，不需水箱，使用便利。但构造复杂，容易阻塞损坏，要经常检修。多用在公共建筑、工厂及火车站厕所内。

延时自闭式冲洗阀具有冲洗时间、冲洗水量均可调整，节约用水，工作压力低，出流水头小且具有空气隔断措施等优点，现已被广泛使用。

六、排水系统的布置与敷设

1. 排水管道的布置与敷设

（1）横支管　排水横支管不宜过长，以免落差过大，一般不得超过10m，应尽量不转弯或少转弯，避免发生阻塞。

（2）立管　排水立管宜靠近杂质最多和排水量最大的排水点处设置，尽快地接纳和排除横支管排来的污水；尽量减少不必要的转弯和曲折，以减少管道的阻塞机会。排水立管一般在墙角处明装，无冰冻危害的地区也可布置在墙外。当建筑物有较高卫生要求时，可在管槽内或管井内暗装。

（3）排出管　排出管穿越外墙处应设预留洞，管顶上的净空高度不得小于建筑物的沉降量。排出管穿越基础时，预留孔洞的上面可设拱梁或套管，以防压坏管道。

2. 通气系统的布置与敷设

排水通气立管应高出屋面0.3m以上，并大于最大积雪高度，在距通气管出口4m以内有门窗时，通气管应高出门窗过梁0.6m或引向无门窗一侧。对于平屋顶，若经常有人逗留，则通气管应高出屋面2.0m，并设置防雷装置。通气管上应做铅丝球或透气帽，以防杂物落入。

专用通气立管不得接纳污水、废水和雨水，通气管不得与通风管或烟道连接。

七、屋面雨水排水系统

屋面雨水的排除方式可分为外排水系统和内排水系统，在有些建筑中也有采用内排水与外排水方式相结合混合雨水排水系统。

（一）外排水雨水系统

外排水雨水系统是雨水管系设置在建筑物外部的雨水排水系统。按屋面有无天沟，又分为檐沟外排水和天沟外排水两种方式。

1. 檐沟外排水

檐沟外排水系统由檐沟和水落管组成，降落到屋面的雨水沿屋面集流到檐沟，然后流入隔一定距离沿外墙设置的水落管排至建筑物外地下雨水管道或地面，见图1-45。

水落管管材多采用白铁皮管（镀锌铁皮管）、铸铁管、UPVC管，也有用玻璃钢管的。

水落管断面有圆形和矩形两种。铁皮管一般为80mm×100mm或80mm×120mm；铸铁管一般为75mm、100mm；UPVC管外径为75mm或110mm。

按经验民用建筑水落管间距为8～12m，工业建筑为18～24m。

檐沟外排水系统适用于一般居住建筑、屋面面积较小的公共建筑和单跨工业建筑。

2. 天沟外排水

天沟外排水系统由天沟、雨水斗、排水立管及排出管组成，见图1-46。天沟设置在两

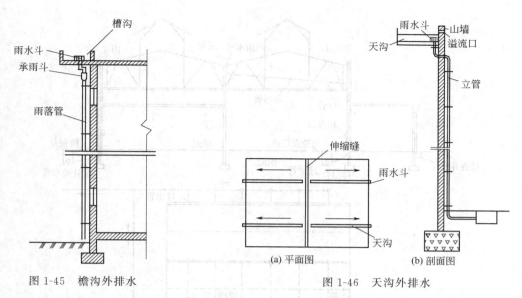

图 1-45　檐沟外排水　　　　　　　　　图 1-46　天沟外排水

跨中间并坡向墙端，降落在屋面上的雨雪水沿坡向天沟的屋面汇集到天沟，沿天沟流向建筑物两端（山墙、女儿墙方向），流入雨水斗并经墙外立管排至地面或雨水管道。

天沟外排水系统一般以建筑物的伸缩缝或沉降缝作为天沟分水线。天沟的断面形式多为矩形或梯形。天沟坡度不宜太大，以免屋顶垫层过厚而增加结构荷载；但也不宜太小，以免屋顶漏水或施工困难，一般以 0.003～0.006 为宜。为了排水安全，防止天沟末端积水太深，在天沟顶端设置溢流口。溢流口比天沟上檐低 50～100mm。

天沟外排水系统适用于长度不超过 100m 的多跨工业厂房。

（二）内排水雨水系统

在建筑物屋面设置雨水斗，而雨水管道设置在建筑物内部为内排水雨水系统。常用于屋面跨度大、屋面曲折（壳形、锯齿形）、屋面有天窗等设置天沟有困难的情况，以及立面要求比较高的高层建筑、大面积平屋顶建筑、寒冷地区的建筑等不宜在室外设置雨水立管的情况。

1. 内排水系统的组成

由雨水斗、连接管、雨水悬吊管、立管、排出管、检查井及雨水埋地管等组成，如图 1-47 所示。雨水降落到屋面上，沿屋面流入雨水斗，经悬吊管入排水立管，再经排出管流入雨水检查井，或经埋地干管排至室外雨水管道。

2. 内排水系统的分类

（1）单斗和多斗雨水排水系统　按每根立管连接的雨水斗数量，内排水系统可分为单斗和多斗雨水排水系统两类。单斗系统一般不设悬吊管，多斗系统中悬吊管将雨水斗和排水立管连接起来。对于单斗雨水排水系统的水力工况，人们已经进行了一些实验研究，并获得了初步的认识，实际工程也证实了所得的设计计算方法和取用参数比较可靠。但对于多斗雨水排水系统的研究较少，尚未得出结论。所以，在实际中宜采用单斗雨水排水系统。

（2）敞开式和密闭式雨水排水系统　按排除雨水的安全程度，内排水系统分为敞开式和

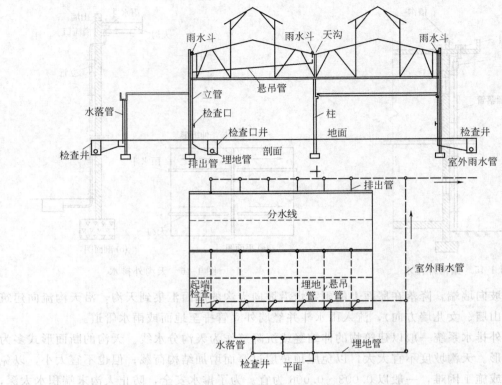

图 1-47　内排水系统

密闭式两种排水系统。

　　敞开式内排水系统利用重力排水，雨水经排出管进入普通检查井。但由于设计和施工的原因，当暴雨发生时，会出现检查井冒水现象，造成危害。也有在室内设悬吊管、埋地管和室外检查井的做法，这种做法虽可避免室内冒水现象，但管材耗量大，且悬吊管外壁易结露。

　　密闭式内排水系统利用压力排水，埋地管在检查井内用密闭的三通连接。当雨水排泄不畅时，室内不会发生冒水现象。其缺点是不能接纳生产废水，需另设生产废水排水系统。为了安全可靠，一般宜采用密闭式内排水系统。

　　（3）压力流（虹吸式）、重力伴有压流和重力无压流雨水排水系统　按雨水管中水流的设计流态，可分为压力流（虹吸式）、重力伴有压流和重力无压流雨水排水系统。

　　压力流（虹吸式）雨水系统采用虹吸式雨水斗，管道中呈全充满的压力流状态，屋面雨水的排泄过程是一个虹吸排水过程。工业厂房、库房、公共建筑的大型屋面雨水排水宜采用压力流（虹吸式）雨水系统。

　　重力伴有压流雨水系统中设计水流状态为伴有压流，系统的设计流量、管材、管道布置等考虑了水流压力的作用。

　　3. 内排水系统的布置

　　（1）雨水斗　雨水斗是一种专用装置，设置在屋面雨水与天沟进入雨水管道的入口处，具有拦截污物、疏导水流和排泄雨水的作用。目前国内常用的雨水斗有 65 型、79 型、87 型雨水斗、虹吸雨水斗等，有 75mm、100mm、150mm 和 200mm 等多种规格。

（2）连接管 连接管是连接雨水斗和悬吊管的一段竖向短管。连接管应牢固固定在建筑物的承重结构上，下端用 45°斜三通与悬吊管相连，其管径一般与雨水斗短管同径，但不宜小于 100mm。

（3）悬吊管 悬吊管连接雨水斗和排水立管，是雨水内排水系统中架空布置的横向管道。悬吊管一般沿梁或屋架下弦布置，其管径不得小于雨水斗连接管，如沿屋架悬吊时，其管径不得大于 300mm。

雨水悬吊管一般采用钢管或铸铁管。如管道可能受到振动或生产工艺有特殊要求，应采用钢管。

（4）立管 雨水立管接纳雨水斗或悬吊管的雨水，与排出管连接。立管管径不得小于与其连接的悬吊管管径，立管管材与悬吊管相同。

立管宜沿墙、柱明装，在民用建筑内，一般设在楼梯间、管井、走廊等处，不得设置在居住房间内。

为避免排水立管发生故障时屋面雨水系统将瘫痪，设计时，建筑屋面各个汇水范围内，雨水排水立管不宜少于两根。

（5）排出管 排出管是立管与检查井间的一段有较大坡度的横向管道，排出管管径不得小于立管管径。排出管出口的下游排水管宜采用管顶平接法，且水流转角不得小于 135°。

（6）埋地管 埋地管敷设在室内地下，承接立管的雨水并将其排至室外雨水管道。埋地管最小管径为 200mm，最大不超过 600mm。其管材一般采用非金属管如混凝土管、钢筋混凝土管、UPVC 管、陶土管等，管道坡度按生产废水管道最小坡度计算。

（7）附属构筑物 常见的附属构筑物有检查井、检查口和排气井，用于雨水系统的检修、清扫和排气。检查井适用于敞开式内排水系统，设置在排出管与埋地管连接处，埋地管转弯、变径及长度超过 30m 的直线管路上。检查井井深不小于 0.7m，井内采用管顶平接，水流转角不小于 135°，井底设高流槽，流槽应高出管顶 200mm。排出管先接入排气井，水流稳定后再进入检查井。

第四节　建筑热水供应工程基本知识

一、建筑热水供应系统的分类与组成

按热水供应范围分，建筑内热水供应系统分为局部热水供应系统和集中热水供应系统。

局部热水供应系统是指供给单个或数个配水点所需热水的小型系统。集中热水供应系统是指供给一幢或数幢建筑物所需热水的系统。

热水供应系统主要由热媒系统、热水系统、附件三部分组成，如图 1-48 所示。

① 热媒系统由热源、水加热器和热媒管网组成，又称第一循环系统。

② 热水系统主要由换热器、供热水管道、循环加热管道、供冷水管道等组成，又称第二循环管道系统。

③ 附件包括蒸汽、热水的控制附件及管道的连接附件，如：温度自动调节器、疏水器、

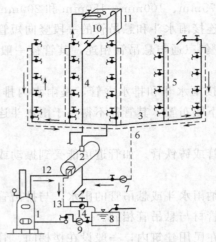

图 1-48　集中式热水供应系统图

1—蒸汽锅炉；2—换热器；3—配水干管；4—配水立管；5—回水立管；
6—回水干管；7—回水泵；8—凝水箱；9—凝水泵；10—给水箱；
11—透气管；12—蒸汽管；13—凝水管；14—疏水阀

减压阀、安全阀、膨胀罐、管道补偿器、闸阀、水嘴、止回阀等。

二、热水供水方式

1. 按热水加热方式分

热水供水方式按热水加热方式分为直接加热和间接加热。

直接加热是利用以燃气、燃油、燃煤为燃料的热水锅炉，把冷水直接加热到所需热水温度，或者是将蒸汽或高温水通过穿孔管或喷射器直接通入冷水混合制备热水。直接加热具有热效率高、节能的特点；特别是蒸汽直接加热方式，设备简单，热效率高，投资省。但其噪声大，对蒸汽质量要求高，锅炉供水量大，且需对补充水进行水质处理，故运行费用高。该方式仅适用于具有合格的蒸汽且对噪声无严格要求的公共浴室、洗衣房、工矿企业等用户。

间接加热是将热媒通过水加热器把热量传递给冷水以达到加热冷水的目的，在加热过程中热媒与被加热水不直接接触。该方式的优点是可重复利用冷凝水，只需对少量补充水进行软化处理，运行费用低，且不产生噪声，蒸汽不会对热水产生污染，供水安全稳定。此方式适用于供水要求稳定、安全且要求噪声小的旅馆、住宅、医院、办公楼等建筑。

2. 按热水管网的循环方式分

热水供水方式按热水管网的循环方式不同，分为全循环、半循环和无循环式热水供应系统。

① 全循环热水供水方式是指热水干管、热水立管及热水支管均能保持热水的循环，各配水龙头随时打开均能提供符合设计水温要求的热水。该方式适用于有特殊要求的高标准建筑中，如高级宾馆、饭店，高级住宅等。

② 半循环方式又分立管循环和干管循环热水供水方式。立管循环热水供水方式是指热水干管和热水立管内均能保持有热水的循环，打开配水龙头时只需放掉热水支管中少量的存

水，就能获得规定温度的热水，该方式多用于设有全日供应热水的建筑和设有定时供应热水的高层建筑中；干管循环热水供应方式是指仅保持热水干管内的热水循环，多用于定时供应热水的建筑中。

③ 无循环式热水供应系统中冷水从发热器（或换热器）流出，被加热的热水再流经热水供应管道至用水器具，热水管道内的水不能返回发热器（或换热器），亦即无循环（又称无回水）。

循环式热水供应系统根据供回水环路的长度异同又分同程式和异程式两种，如图 1-49 所示。同程式指从加热器的热水管出口，经热水配水管、回水管，再回到加热器为止的任何循环管路的长度几乎是相等的，使各立管环路的阻力在均等条件下进行热水循环，防止立管内热水短路现象。异程式指各环路的长度不同，循环中会出现短路现象，难以保证各点供水温度均匀。

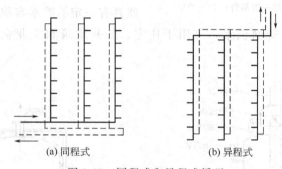

(a) 同程式　　(b) 异程式

图 1-49　同程式和异程式循环

3. 按热水系统是否敞开分

热水供水方式按热水系统是否敞开分为开式热水供水方式和闭式热水供水方式。开式热水供水方式中一般是在管网顶部设有水箱，管网与大气连通，系统内的水压仅取决于水箱的设置高度，而不受室外给水管网水压波动的影响。闭式热水供水方式中管网不与大气相通，冷水直接进入水加热器，需设安全阀，有条件时还可以考虑设隔膜式压力膨胀罐或膨胀管，以确保系统的安全运转。

另外，热水供水方式按热水配水管网干管的位置不同，分为下行上给供水方式和上行下给供水方式；按循环动力不同分为机械强制循环方式和自然循环方式。

选用何种热水供水方式应根据建筑物用途、热源的供给情况、热水用水量和卫生器具的布置情况进行技术和经济比较后确定。

三、热水供应系统的主要设备

建筑内热水供应系统主要设备有水处理设备、发热设备、换热设备、贮热（水）设备、水泵等。

（一）发热设备

1. 锅炉

锅炉是最常用的发热设备。常用锅炉有燃煤锅炉、燃油锅炉、燃气锅炉、电热锅炉。图

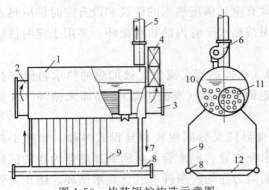

图 1-50　快装锅炉构造示意图

1—锅炉；2—前烟箱；3—后烟箱；4—省煤器；5—烟囱；

6—引风机；7—下降管；8—联箱；9—鳍片式水冷壁；

10—第二组烟管；11—第一组烟管；12—炉壁

1-50 为快装锅炉构造示意图。

2. 燃气热水器

燃气热水器的热源有天然气、焦炉煤气、液化石油气和混合煤气 4 种。依照燃气压力有低压（$P \leqslant 5kPa$）、中压（$5kPa < P \leqslant 150kPa$）热水器之分。民用和公共建筑中生活、洗涤用燃气热水设备一般均采用低压，工业企业生产所用燃气热水器可采用中压。此外，按加热冷水方式不同，燃气热水器有直流快速式和容积式之分，图 1-51 为容积式燃气热水器的构造示意图。容积式燃气热水器具有一定的贮水容积，使用前应预先加热，

可供几个配水点或整个管网供水，可用于住宅、公共建筑和工业企业的局部和集中热水供应。

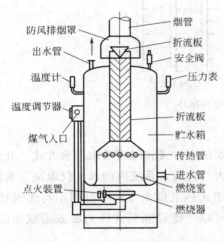

防风排烟罩
烟管
出水管
折流板
温度计
安全阀
压力表
温度调节器
折流板
煤气入口
贮水箱
传热管
点火装置
进水管
燃烧室
燃烧器

图 1-51　容积式燃气热水器

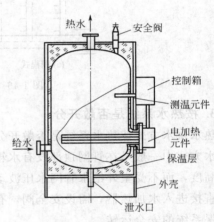

热水
安全阀
控制箱
测温元件
电加热元件
给水
保温层
外壳
泄水口

图 1-52　容积式电热水器

3. 电热水器

电热水器是把电能通过电阻丝变为热能加热冷水的设备，一般以成品在市场上销售。电热水器产品有快速式和容积式两种。快速式电热水器无贮水容积或贮水容积很小，不需在使用前预先加热，在接通水路和电源后即可得到被加热的热水。容积式电热水器具有一定的贮水容积，其容积可由 10L 到 $10m^3$。该种热水器在使用前需预先加热，可同时供应几个热水用水点在一段时间内使用，一般适用于局部供水和管网供水系统。典型容积式电热水器构造见图 1-52。

4. 太阳能热水器

太阳能热水器是将太阳能转换成热能并将水加热的装置。其优点是：结构简单、维护方便、节省燃料、运行费用低、不存在环境污染问题。其缺点是：受天气、季节、地理位置等影响不能连续稳定运行，为满足用户要求需配置贮热和辅助加热设施，占地面积较大，布置

受到一定的限制。

太阳能热水器按组合形式分为装配式和组合式两种。装配式太阳能热水器一般为小型热水器，即将集热器、贮热水箱和管路由工厂装配出售，适于家庭和分散使用场所，目前市场上有多种产品，见图 1-53。组合式太阳能热水器，即是将集热器、贮热水箱、循环水泵、辅助加热设备按系统要求分别设置而组成，适用于大面积供应热水系统和集中供应热水系统。

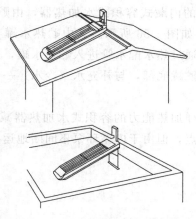

图 1-53　装配式太阳能热水器

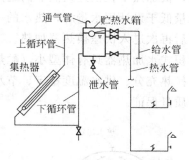

图 1-54　自然循环太阳能热水器

太阳能热水器按热水循环系统分为自然循环和机械循环两种。自然循环太阳能热水器是靠水温差产生的热虹吸作用进行水的循环加热，该种热水器运行安全可靠、不需用电和专人管理，但贮热水箱必须装在集热器上面，并且使用的热水会受到时间和天气的影响，见图 1-54。机械循环太阳能热水器是利用水泵强制水进行循环的系统。该种热水器贮热水箱和水泵可放置在任何部位，系统制备热水效率高，产热水量大。

（二）换热设备

在热水供应中，常用的换热器有混合式换热器和间壁式换热器。前者称直接换热器，它通过换热流体的直接接触与混合的作用来进行热量交换；后者通过金属壁面把冷热流体隔开并进行传热，又称间接换热器。间壁式换热器在建筑热水供应中应用十分广泛。水加热器是间接加热方式中的加热设备。长期以来，我国采用的间接加热设备主要是传统的容积式水加热器。近年来，新型加热设备不断涌现，快速式、半容积式、半即热式水加热器相继问世。

1. 容积式换热器

容积式水加热器是内部设有热媒导管的热水贮存容器，具有加热冷水和贮备热水两种功能，热媒为蒸汽或热水。有卧式、立式之分。图 1-55 为卧式容积式水加热器构造示意图，其容积 $0.5 \sim 15 \mathrm{m}^3$。这种水加热设备在过去使用较为普遍；立

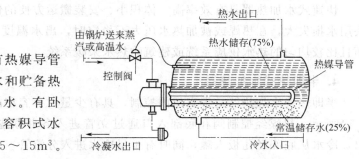

图 1-55　卧式容积式水加热器构造示意图

式容积式水加热器有甲、乙型两类，容积为 0.53～4.28m³。

容积式水加热器的优点是具有较大的贮存和调节能力，被加热水通过时压力损失较小，用水点处压力变化平稳，出水水量较为稳定。但该加热器中，被加热水流速缓慢，传热系数小，热交换效率低，且体积庞大，占用过多的建筑空间，在热媒导管中心线以下约有 30% 的贮水容积是低于规定水温的常温水或冷水，所以贮罐的容积利用率也很低。

2. 半容积式水加热器

半容积式水加热器是带有适量贮存与调节容积的内藏式容积式水加热器，由贮热水罐、内藏式快速换热器和内循环泵 3 个主要部分组成，如图 1-56 所示。其中贮热水罐与快速换热器隔离，被加热水在快速换热器内迅速加热后，通过热水配水管进入贮热水罐，当管网中热水用水量低于设计用水量时，热水的一部分落到贮罐底部，与补充水（冷水）一道经内循环泵升压后再次进入快速换热器加热。

半容积式水加热器具有体型小（贮热容积比同样加热能力的容积式水加热器减少 2/3）、加热快、换热充分、供水温度稳定、节水节能的优点，但由于内循环泵不间断地运行，需要有极高的质量保证。

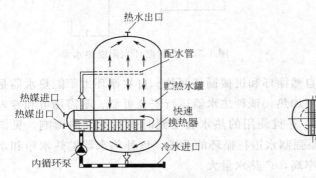

图 1-56　半容积式水加热器构造示意图

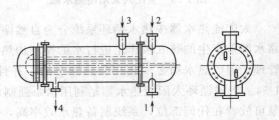

图 1-57　多管式汽-水快速式水加热器
1—冷水；2—热水；3—蒸汽；4—凝水

3. 快速式水加热器

快速式水加热器就是热媒与被加热水通过较大速度的流动进行快速换热的一种间接加热设备。根据热媒的不同，快速式水加热器有汽-水和水-水两种类型，前者热媒为蒸汽，后者热媒为过热水。根据加热导管的构造不同，又有单管式、多管式、板式、管壳式、波纹板式、螺旋板式等多种形式。图 1-57 所示为多管式汽-水快速式水加热器。

快速式水加热器具有效率高、体积小、安装搬运方便的优点，缺点是不能贮存热水，水头用水损失大，在热媒或被加热水压力不稳定时，出水温度波动较大，仅适用于用水量大，而且比较均匀的热水供应系统或建筑物热水采暖系统。

4. 半即热式水加热器

半即热式水加热器是带有超前控制，具有少量贮存容积的快速式水加热器，其构造如图 1-58 所示。热媒经控制阀和底部入口通过立管进入各并联盘管，冷凝水入立管后由底部流出，冷水从底部经孔板入罐，同时有少量冷水进入分流管。入罐冷水经转向器均匀进入罐底并向上流过盘管得到加热，热水由上出口流出。部分热水在顶部进入感温管开口端，冷水以与热水用水量成比例的流量由分流管同时入感温管，感温元件读出瞬间感温管内的冷、热水平均温度，即向控制阀发出信号，按需要调节控制阀，以保持所需的热水输出温度，只要一有热水需求，热水出口处的水温尚未下降，感温元件就能发出信号开启控制阀，具有预测性。

半即式水加热器具有快速加热被加热水，浮动盘管自动除垢的优点，其热水出水温差一般能控制在±2.2℃内，且体积小，节省占地面积，适用于各种不同负荷需求的机械循环热水供应系统。

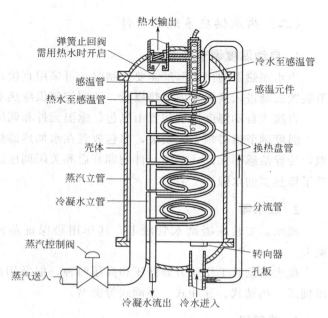

图 1-58 半即热式水加热器构造示意图

5. 加热水箱

加热水箱是一种简单的热交换设备。在水箱中安装蒸汽多孔管或蒸汽喷射器，可构成直接加热水箱。在水箱内安装排管或盘管即构成间接加热水箱。加热水箱适用于公共浴室等用水量大而均匀的定时热水供应系统。贮热箱（罐）用于贮存和调节热水用量。贮热箱的断面有圆形和方形两种，常用金属板材焊接而成，呈开式，不承受流体压力。

（三）贮热设备

热水贮水箱（罐）是一种专门调节热水量的容器。可在用水不均匀的热水供应系统中设置，以调节水量，稳定出水温度。贮热箱（罐）断面呈圆形，两端有封头，常为闭式，能承受流体压力。也用金属板材焊接而成。

贮热箱（罐）可按标准图制作和选用，也可根据供热水的实际情况和贮热量大小不按标准图制作和采用。

四、热水供应系统的管材和附件

（一）热水供应系统的管材和管件

热水系统采用的管材和管件，应符合现行产品标准的要求。管道的工作压力和工作温度不得大于产品标准标定的允许工作压力和工作温度。

热水管道应选用耐腐蚀和安装连接方便可靠的管材，可采用薄壁铜管、薄壁不锈钢管、塑料热水管、塑料和金属复合热水管等。定时供应热水不宜选用塑料热水管。

当采用塑料热水管或塑料和金属复合热水管材时应符合下列要求：①管道的工作压力应按相应温度下的许用工作压力选择；②设备机房内的管道不应采用塑料热水管；③塑料热水管宜暗设。

管件宜采用和管道相同的材质。

（二）热水供应系统的附件

1. 自动温度调节装置

当水加热器的出水温度需要控制时，可采用直接式自动温度调节器或间接式自动温度调节装置控制进入换热器内的热媒量，达到控制供应热水的水温的目的。

直接式自动温度调节装置由温包、感温元件和调压阀组成。

温度调节器必须直立安装，温包放置在水加热器热水出口的附近，温包探测换热器内水温，传导给感温元件，感温元件随即开启和关闭调压阀调节其中流经的热媒量，继而也就调节了换热器的水温。

2. 疏水器

疏水器安装在凝结水管段上，其作用是保证蒸汽凝结水及时排放，同时又防止蒸汽流失。

疏水器按其工作压力分低压和高压两种，但常用高压疏水阀。常见的疏水阀有浮筒式、吊桶式、热动式、脉冲式、温调式等类型。

3. 减压阀

汽-水换热器的蒸汽压力一般小于 0.5MPa，若蒸汽供应压力远大于换热器所需压力，必须用减压阀把蒸汽压力降到需要的数值，才能保证设备使用安全。

减压阀是利用流体通过阀瓣产生阻力而降压，并达到所要求数值的自动调节阀，其阀后压力可在一定范围内进行调整。减压阀的类型有活塞式、波纹管式和膜片式等。

减压阀应安装在水平管段上，阀体直立，安装节点还应设置闸门、安全阀、压力表、旁通管等附件。

4. 排气装置

为排除热水供应系统最高处积存的空气或由热水释放出的空气，以保证管内热水流动，防止管道腐蚀，在上行下给式系统的配水干管末端或最高处及向上抬高的管段应设排气装置；在下行上给式系统则可利用最高配水点放气。排气装置有手动式和自动式两种。常用自动排气阀，它能自动排气且能阻止热水外泄，效果较好。

5. 热补偿装置

热水系统中管道在温度影响下能热胀冷缩，因此，为保证热水管网使用安全，在热水管道上应采用热补偿装置，以避免管道、设备、器具受损和漏水。

热补偿装置可利用管道的自然补偿和设置补偿器来实现。自然补偿即利用管道敷设自然形成的 L 形或 Z 形弯曲管段来补偿管道的温度变形。通常的做法是在转弯前后的直线段上设置固定支架，让其伸缩在弯头处补偿。

当直线管段较长，管道热伸长量超过自然补偿能力时，应每隔一定距离设置补偿器来补偿管道的伸缩量。补偿器种类有波纹补偿器、方形补偿器、套管式补偿器、球形补偿器等。

6. 膨胀管、膨胀水罐、安全阀

在集中热水供应系统中，冷水被加热后，水的体积膨胀，如果热水系统是密闭的，在卫生器具不用水时，必然会增加系统的压力，有胀裂管道的危险，因此需设膨胀管、膨胀水罐、安全阀。

7. 分水器、集水器、分汽缸

① 多个热水、多个蒸汽管道系统或多个较大热水、蒸汽用户均宜设置分水器、分汽缸，凡设分水器、分汽缸的热水、蒸汽系统的回水管上宜设集水器。

② 分水器、分汽缸、集水器宜设置在热交换间、锅炉房等设备用房内，以方便维修、操作。

③ 分水器等的筒体直径应大于 2 倍最大接入管直径。其长度及总体设计应符合压力容器设计的有关规定。

五、热水供应系统的管道敷设

热水管网的布置和敷设，除了满足给（冷）水管网布置敷设的要求外，还应该注意由于水温高带来的体积膨胀、管道伸缩补偿、保温、排气等问题。

对于下行上给的热水管网，水平干管可敷设在室内地沟内，或地下室顶部。对于上行下给的热水管网，水平干管可敷设在建筑物最高层吊顶或专用设备技术层内。干管的直线段应设置足够的伸缩器，上行下给式系统配水干管最高点应设排气装置，下行上给配水系统，可利用最高配水点放气。下行上给式系统设有循环管道时，其回水立管可在最高配水点以下（约 0.5m）与配水立管连接，上行下给式系统可将循环管道与各立管连接。为便于排气和泄水，热水横管均应有与水流相反的坡度，其值一般≥0.003，并在管网的最低处设泄水阀门，以便检修时泄空管网存水。

根据建筑物的使用要求，热水管网也有明装和暗装两种形式。明装管道尽可能布置在卫生间、厨房，沿墙、柱敷设，一般与冷水管平行。暗装管道可布置在管道竖井或预留沟槽内。塑料热水管宜暗设，明设时立管宜布置在不受撞击处，如不能避免时，应在管外加保护措施。

六、高层建筑热水供应方式

1. 集中设置水加热器、分区设置热水管网的供水方式

该供水方式见图 1-59。各区热水配水循环管网自成系统，水加热器、循环水泵集中设在底层或地下设备层，各区所设置的水加热器或贮水器的进水由同区给水系统供给。其优点是：各区供水自成系统，互不影响，供水安全可靠；设备集中设置，便于维修、管理。其缺点是：高区水加热器和配、回水主立管管材需承受高压，设备和管材费用较高。所以该分区形式不宜多于 3 个分区的高层建筑。

2. 分散设置水加热器、分区设置热水管网的供水方式

该供水方式见图 1-60。各区热水配水循环管网也自成

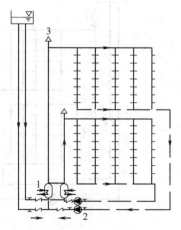

图 1-59 集中设置水加热器、分区设置热水管网的供水方式
1—水加热器；2—循环水泵；3—排气阀

系统，但各区的加热设备和循环水泵分散设置在各区的设备层中，图 1-60(a) 所示为各区均为上配下回热水供应图式，图 1-60(b) 所示为各区采用上配下回与下配上回混设的热水供应图式。该方式的优点是：供水安全可靠，且水加热器按各区水压选用，承压均衡，且回水立管短。其缺点是：设备分散设置，不但要占用一定的建筑面积，维修管理也不方便，且热媒管线较长。

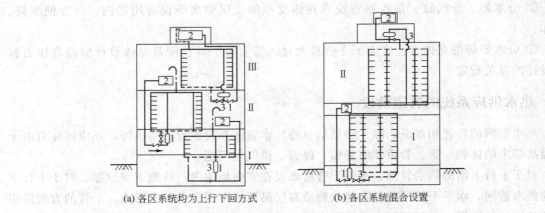

(a) 各区系统均为上行下回方式   (b) 各区系统混合设置

图 1-60　分散设置水加热器、分区设置热水管网的供水方式

1—水加热器；2—给水箱；3—循环水泵

3. 分区设置减压阀、分区设置热水管网的供水方式

分区设置减压阀、分区设置热水管网的供水方式有如下两种方式。

(1) 高低区分设水加热器系统，见图 1-61。两区水加热器均由高区冷水高位水箱供水，低区热水供应系统的减压阀设在低区水加热器的冷水供水管上。该系统适用于低区热水用水点较多，且设备用房有条件分区设水加热器的情况。

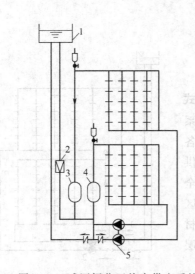

图 1-61　减压阀分区热水供应系统

1—冷水补水箱；2—减压阀；3—高区水
加热器；4—低区水加热器；5—循环泵

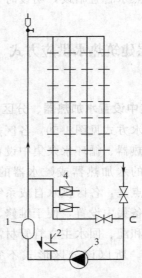

图 1-62　支管设减压阀热水供应系统

1—水加热器；2—冷水补水管；
3—循环泵；4—减压阀

（2）高低区共用水加热器的系统，见图 1-62。低区热水供水系统的减压阀设在各用水支管上。该系统适用于低区热水用水点不多、用水量不大，且分散及对水温要求不严（如理发室、美容院）的建筑，高低区回水管汇合点 C 处的回水压力由调节回水管上的阀门平衡。

第五节　居住小区给水排水工程基本知识

居住小区是指含有教育、医疗、文体、经济、商业服务及其他公共建筑的城镇居民住宅建筑区。

一、居住小区给水工程

居住小区给水系统主要由水源、管道系统、二次加压泵房和贮水池等组成。

1. 居住小区给水水源

居住小区给水系统既可以直接利用现有供水管网作为给水水源，也可以自备水源。位于市区或厂矿区供水范围内的居住小区，应采用市政或厂矿给水管网作为给水水源，以减少工程投资。远离市区或厂矿区的居住小区，可自备水源。对于离市区或厂矿区较远，但可以铺设专门的输水管线供水的居住小区，应通过技术经济比较确定是否自备水源。自备水源的居住小区给水系统严禁与城市给水管道直接连接。当需要将城市给水作为自备水源的备用水或补充水时，只能将城市给水管道的水放入自备水源的贮水（或调节）池，经自备系统加压后使用。在严重缺水地区，应考虑建设居住小区中水工程，用中水来冲洗厕所、浇洒绿地和道路。

2. 居住小区给水系统与供水方式

居住小区供水既可以是生活和消防合用一个系统，也可以是生活系统和消防系统各自独立。若居住小区中的建筑物不需要设置室内消防给水系统，火灾扑救仅靠室外消火栓或消防车时，宜采用生活和消防共用的给水系统。若居住小区中的建筑物需要设置室内消防给水系统，如高层建筑，宜将生活和消防给水系统各自独立设置。

居住小区供水方式可分为直接供水方式、调蓄增压供水方式和分压供水方式。

（1）直接供水方式　直接供水方式就是利用城市市政给水管网的水压直接向用户供水。当城市市政给水管网的水压和水量能满足居住小区的供水要求时，应尽量采用这种供水方式。

（2）调蓄增压供水方式　当城市市政给水管网的水压和水量不足，不能满足居住小区内大多数建筑的供水要求时，应集中设置贮水调节设施和加压装置，采用调蓄增压供水方式向用户供水。

（3）分压供水方式　当居住小区内既有高层建筑，又有多层建筑，建筑物高度相差较大时应采用分压供水方式供水。这样既可以节省动力消耗，又可以避免多层建筑供水系统的压力过高。

3. 居住小区给水管道布置和敷设

居住小区给水管道可以分为小区给水干管、小区给水支管和接户管三类，有时将小区给水干管和小区给水支管统称为居住小区室外给水管道。在布置小区管道时，应按干管、支管、接户管的顺序进行。

为了保证小区供水可靠性，小区给水干管应布置成环状或与城市管网连成环状，与城市管网的连接管不少于两根，且当其中一条发生故障时，其余的连接管应通过不小于70%的流量。小区给水干管宜沿用水量大的地段布置，以最短的距离向大户供水。小区给水支管和接户管一般为枝状。

居住小区室外给水管道，应沿区内道路平行于建筑物敷设，宜敷设在人行道、慢车道或草地下，管道外壁距建筑物外墙的净距不宜小于1.0m，且不得影响建筑物的基础。给水管道与建筑物基础的水平净距与管径有关，管径为100～150mm时，不宜小于1.5m；管径为50～75mm时，不宜小于1.0m。

居住小区室外给水管道尽量减少与其他管线的交叉，不可避免时，给水管应在排水管上面，给水管与其他地下管线及乔木之间的距离也应满足要求。

居住小区内城市消火栓保护不到的区域应设室外消火栓，设置数量和间距应按《建筑设计防火规范》和《高层民用建筑设计防火规范》执行。当居住小区绿地和道路需洒水时，可设洒水栓，其间距不宜大于80m。

二、居住小区排水系统

1. 排水体制

居住小区排水体制分为分流制和合流制，采用哪种排水体制，主要取决于城市排水体制和环境保护要求。同时，也与居住小区是新区建设还是旧区改造以及建筑内部排水体制有关。新建小区一般应采用雨污分流制，以减少对水体和环境的污染。当居住小区内需设置中水系统时，为简化中水处理工艺，节省投资和日常运行费用，还应将生活污水和生活废水分质分流。当居住小区设置化粪池时，为减小化粪池容积也应将污水和废水分流，生活污水进入化粪池，生活废水直接排入城市排水管网、水体或中水处理站。

2. 居住小区排水管道的布置与敷设

居住小区排水管道的布置应根据小区总体规划，道路和建筑物布置，地形标高，污水、废水和雨水的去向等实际情况，按照管线短、埋深小、尽量自流排出的原则确定。居住小区排水管道的布置应符合下列要求：

① 排水管道宜沿道路或建筑物平行敷设，尽量减少转弯以及与其他管线的交叉；

② 干管应靠近主要排水建筑物，并布置在连接支管较多的一侧；

③ 排水管道应尽量布置在道路外侧的人行道或草地的下面，不允许平行布置在铁路的下面和乔木的下面；

④ 排水管道应尽量远离生活饮用水给水管道，避免生活饮用水遭受污染。

居住小区排水管道的覆土厚度应根据道路的行车等级、管材受压强度、地基承载力、土层冰冻等因素和建筑物排水管标高经计算确定。小区干道下的管道，覆土厚度不宜小于0.7m，如小于0.7m时应采取保护管道防止受压破损的技术措施。生活污水接户管埋设深度不得高于土壤冰冻线以上 0.15m，且覆土厚度不宜小于 0.3m。

居住小区内雨水口的形式和数量应根据布置位置、雨水流量和雨水口的泄流能力经计算确定。雨水口的布置应根据地形、建筑物位置，沿道路布置。雨水口一般布置在道路交汇处和路面最低点，建筑物单元出入口与道路交界处，外排水建筑物的水落管附近，小区空地、绿地的低洼点，地下坡道入口处。

第六节　建筑中水工程基本知识

中水是指各种排水经处理后，达到规定的水质标准，可在生活、市政、环境等范围内杂用的非饮用水，是由上水（给水）和下水（排水）派生出来的。建筑中水工程是指民用建筑物或小区内使用后的各种排水如生活排水、冷却水及雨水等经过适当处理后，回用于建筑物或小区内，作为冲洗便器、冲洗汽车、绿化和浇洒道路等杂用水的供水系统。工业建筑的生产废水和工艺排水的回用不属于建筑中水，但工业建筑内的生活污水的回用亦属此范围。

建筑中水工程的设置，可以有效节约水资源，减少污废水排放量，减轻水环境的污染，特别适用于缺水或严重缺水的地区。建筑中水工程，相对于城市污水大规模处理回用而言，属于分散、小规模的污水回用工程，具有可就地回收处理利用、无需长距离输水、易于建设、投资相对较小和运行管理方便等优点。

我国现行《建筑中水设计规范》（GB 50336—2002）中明确规定：缺水城市和缺水地区适合建设中水设施的工程项目，应按照当地有关规定配套建设中水设施。中水设施必须与主体工程同时设计，同时施工，同时使用。

一、中水水源

中水水源可分为建筑物中水水源和小区中水水源。

建筑物中水水源可取自建筑的生活排水和其他可以利用的水源。建筑屋面雨水可作为中水水源或其补充；综合医院污水作为中水水源时，必须经过消毒处理，产出的中水仅可用于独立的不与人直接接触的系统；传染病医院、结核病医院污水和放射性废水，不得作为中水水源。

建筑物中水水源可选择的种类和选取顺序为：①卫生间、公共浴室的盆浴、淋浴等的排水；②盥洗排水；③空调循环冷却系统排污水；④冷凝水；⑤游泳池排污水；⑥洗衣排水；⑦厨房排水；⑧厕所排水。

实际中水水源不是单一水源，多为上述几种原水的组合。一般可分为下列三种组合：

（1）优质杂排水　杂排水中污染程度较低的排水，如冷却排水、游泳池排水、沐浴排水、盥洗排水、洗衣排水等。其有机物浓度和悬浮物浓度都低，水质好，处理容易，处理费用低，应优先使用。

（2）杂排水　民用建筑中除冲厕排水外的各种排水，如冷却排水、游泳池排水、沐浴排水、盥洗排水、洗衣排水、厨房排水等。其有机物浓度和悬浮物浓度都较高，水质相对较好，处理费用比优质杂排水高。

（3）生活排水　所有生活排水之总称。其有机物浓度和悬浮物浓度都很高，水质较差，处理工艺复杂，处理费用高。

中水水源应根据排水的水质、水量、排水状况和中水回用的水质、水量选定。为了简化中水处理流程，节约工程造价，降低运转费用，选择中水水源时，应首先选用污染浓度低、水量稳定的优质杂排水。

小区中水水源的选择要依据水量平衡和经济技术比较来确定，并应优先选择水量充裕稳定、污染物浓度低、水质处理难度小、安全且居民易接受的中水水源。小区中水可选择的水源有：①小区内建筑物杂排水；②小区或城市污水处理厂出水；③相对洁净的工业排水；④小区内的雨水；⑤小区生活污水。

当城市污水处理厂出水达到中水水质标准时，小区可直接连接中水管道使用。当城市污水处理厂出水未达到中水水质标准时，可作为中水原水进一步处理，达到中水水质标准后方可使用。

二、建筑中水系统形式

建筑中水是建筑物中水和小区中水的总称。建筑物中水是指在一栋或几栋建筑物内建立的中水系统。小区中水是指在小区内建立的中水系统。小区主要指居住小区，也包括院校、机关大院等集中建筑区。建筑中水系统是由中水原水的收集、贮存、处理和中水供给等工程设施组成的有机结合体，是建筑或小区的功能配套设施之一。

1. 建筑物中水系统形式

建筑物中水宜采用原水污、废分流，中水专供的完全分流系统。在该系统中，中水原水的收集系统和建筑物的原排水系统是完全分开的，同时建筑物的生活给水系统和中水供水系统也是完全分开的系统。

2. 建筑小区中水系统形式

建筑小区中水可以采用以下多种系统形式。

（1）全部完全分流系统　全部完全分流系统，是指原水污、废分流管系和中水供水管系覆盖建筑小区内全部建筑物的系统。

"全部"是指分流管道的覆盖面，是全部建筑还是部分建筑；"分流"是指系统管道的敷设形式，是污废水分流、合流还是无管道。

完全分流系统管线比较复杂，设计施工难度增大，管线投资较大。该系统在缺水地区和水价较高的地区是可行的。

（2）部分完全分流系统　部分完全分流系统是指原水污、废分流管系和中水供水管系均为覆盖小区内部分建筑的系统，可分为半完全分流系统和无分流管系的简化系统。

半完全分流系统是指无原水污、废分流管系，只有中水供水管系或只有污水、废水分流管系而无中水供水管的系统。前者指采用生活污水或外界水源，而少一套污水收集系统；后者指室内污水收集后用于室外杂用，而少一套中水供水管系。这两种情况可统称为三套管路系统。

无分流管系的简化系统是指建筑物内无原水的污、废分流管系和中水供水管系的系统。该系统使用综合生活污水或外界水源作为中水水源，建筑物内无原水的污、废分流管系；中水不进建筑物，只用于地面绿化、喷洒道路、水体景观和人工湖补水、地面冲洗和汽车清洗等，无中水供水管系。这种情况下，建筑物内还是两套管路系统。

中水系统形式的选择，应根据工程的实际情况、原水和中水用量的平衡和稳定、系统的技术经济合理性等因素综合考虑确定。

三、建筑中水系统组成

中水系统包括原水系统、处理系统和供水系统三部分。

1. 中水原水系统

中水原水系统是指收集、输送中水原水到中水处理设施的管道系统和一些附属构筑物，其设计与建筑排水管道的设计原则和基本要求相同。

2. 中水处理系统

中水处理系统是中水系统的关键组成部分，其任务是将中水原水净化为合格的回用中水。中水处理系统的合理设计、建设和正常运行是建筑中水系统有效实施的保障。

中水处理系统包括预处理、处理和深度处理。预处理单元一般包括格栅、毛发去除、预曝气等（厨房排水等含油排水进入原水系统时，应经过隔油处理；粪便排水进入原水系统时，应经过化粪池处理）；处理单元分为生物处理和物化处理两大类型，生物处理单元如生物接触氧化、生物转盘、曝气生物滤池、土地处理等，物化处理单元如混凝沉淀、混凝气浮、微絮凝等；深度处理单元如过滤、活性炭吸附、膜分离、消毒等。

3. 中水供水系统

中水供水系统的任务是将中水处理系统的出水（符合中水水质标准）保质保量地通过中水输配水管网送至各个中水用水点，该系统由中水贮水池、中水增压设施、中水配水管网、控制和配水附件、计量设备等组成。

四、中水处理工艺流程

中水处理工艺流程应根据中水原水的水质、水量及中水回用对水质、水量的要求进行选择。进行方案比较时还应考虑场地状况、环境要求、投资条件、缺水背景、管理水平等因素，经过综合经济技术比较后择优确定。

① 当以优质杂排水或杂排水作为中水水源时，可采用以物化处理为主的工艺流程，或采用生物处理和物化处理相结合的工艺流程。

优质杂排水是中水系统原水的首选水源，大部分中水工程以洗浴、盥洗、冷却水等优质杂排水为中水水源。对于这类中水工程，由于原水水质较好且差异不大，处理目的主要是去除原水中的悬浮物和少量有机物，因此不同流程的处理效果差异并不大；所采用的生物处理工艺主要为生物接触氧化和生物转盘工艺，处理后出水水质一般均能达到中水水质标准。

② 当以含有粪便污水的排水作为中水原水时，宜采用二段生物处理与物化处理相结合的处理工艺流程。

随着水资源紧缺矛盾的加剧，开辟新的可利用的水源的呼声越来越高，以综合生活污水为原水的中水设施呈现增多的趋势。由于含有粪便污水的排水有机物浓度较高，这类中水工程一般采用生物处理为主且与物化处理结合的工艺流程，部分中水工程以厌氧处理作为前置处理单元强化生物处理工艺流程。

③ 利用污水处理站二级处理出水作为中水水源时，宜选用物化处理或与生化处理结合的深度处理工艺流程。

在确保中水水质的前提下，可采用耗能低、效率高、经过实验或实践检验的新工艺流程。

中水用于采暖系统补充水等用途，其水质要求高于杂用水，采用一般处理工艺不能达到相应水质标准要求时，应根据水质需要增加深度处理，如活性炭、超滤或离子交换处理等。

中水处理产生的沉淀污泥、活性污泥和化学污泥，当污泥量较小时，可排至化粪池处理，当污泥量较大时，可采用机械脱水装置或其他方法进行妥善处理。

近年来随着水处理技术的发展，大量中水工程的建成，多种中水处理工艺流程得到应用，中水处理工艺工程突破了几种常用流程向多样化发展。随着技术、经验的积累，中水处理工艺的安全适用性得到重视，中水回用的安全性得到了保障；各种新技术、新工艺应用于中水工程，如水解酸化工艺、生物炭工艺、曝气生物滤池、膜生物反应器、土地处理等，大大提高了中水技术水平，使中水工程的效益更加明显；大量就近收集、处理回用的小型中水设施的应用，促进了小型中水工程技术的集成化、自动化发展；国家相关技术规范的颁布，加速了中水工程的规范化和定型化，中水工程质量不断提高。

第二章 建筑给水排水工程制图与识图的基本知识

第一节 建筑给水排水工程施工图的基本知识

一、图纸幅面

由边框线所围成的图面，称为图纸的幅面。幅面由边框线、图框线、标题栏、会签栏等组成，如图 2-1 所示。

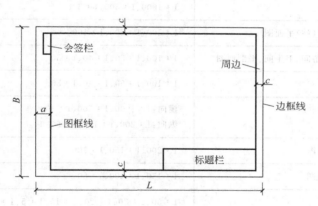

图 2-1 幅面的组成

幅面代号有五类：A0～A4，幅面的尺寸见表 2-1。有时，因为特殊需要，可以加长，但 A0～A2 号图纸一般不得加长，A3、A4 号图纸可根据需要，沿短边以短边的倍数加长，加长后图纸幅面尺寸见表 2-2。

表 2-1 图纸幅面尺寸　　　　　　　　　　　　mm

幅面代号 尺寸代号	A0	A1	A2	A3	A4
$B \times L$	841×1189	594×841	420×594	297×420	210×297
C	10			5	
a	25				

表 2-2　图纸沿短边的倍数加长的幅面尺寸

幅面代号	尺寸/mm×mm	幅面代号	尺寸/mm×mm
A3×3	420×891	A4×4	297×841
A3×4	420×1189	A4×5	297×1051
A4×3	297×630		

二、绘图比例、线型

1. 绘图比例

绘图时所用的比例，应根据图面的大小及内容复杂程度，以图面布置适当图形能表示明显清晰为原则，给水排水工程设计中各种图纸比例一般可按表 2-3 选用。

表 2-3　常用比例

序号	图纸名称	比例	备注
1	区域规划图 区域位置图	1:50000、1:25000、1:10000、1:2000 1:5000、1:2000	宜与总图专业一致
2	总平面图	1:1000、1:500、1:300	宜与总图专业一致
3	污水(给水)处理厂(站)平面图	1:500、1:200、1:100	
4	水处理构筑物、设备间、卫生间、平剖面图	1:100、1:50、1:40、1:30	
5	泵房平剖面图	1:100、1:50、1:40、1:30	
6	管道纵断面图	横向:1:1000、1:500、1:300 纵向:1:200、1:100、1:50	
7	建筑给水排水平面图	1:200、1:150、1:100	宜与建筑专业一致
8	建筑给水排水轴测图	1:150、1:100、1:50	宜与建筑专业一致
9	详图	1:50、1:30、1:20、1:10、1:5、1:2、 1:1、2:1	

在建筑给水排水轴测图中，如局部表达有困难时，该处可不按比例绘制。

在管道纵断面图中，竖向与纵向可采用不同的组合比例。

水处理工艺流程断面图和建筑给水排水管道展开系统图可不按比例绘制。

2. 线型

绘制图纸时要采用不同线型、不同线宽来表示不同的含义。绘图中常用的线型有实线、虚线、点划线、双点划线、折断线、波浪线等，线宽应根据图形大小选择，但在一个同一张图中，各类线型的线宽应有一定的比例，这样才能保证图面层次清晰。给水排水工程专业制图常用的各种线型宜符合表 2-4 的规定，其中图线的宽度 b，应根据图纸的类型、比例和复杂程度，按现行国家标准《房屋建筑制图统一标准》GB/T 50001 中的规定选用。线宽 b 宜为 0.7mm 或 1.0mm。

表 2-4　各类线型及线宽

名　称	线　型	线　宽	用　途
粗实线	——	b	新设计的各种排水和其他重力流管线
粗虚线	- - - - - -	b	新设计的各种排水和其他重力流管线的不可见的轮廓线
中粗实线	——	$0.75b$	新设计的各种给水和其他压力流管线，原有各种排水和其他重力流管线
中粗虚线	- - - - - -	$0.75b$	新设计的各种给水和其他压力流管线及原有各种排水和其他重力流管线的不可见的轮廓线
中实线	——	$0.50b$	给水排水设备、零（附）件的可见的轮廓线；总图中新建的建筑物和构筑物的可见的轮廓线；原有各种给水和其他重力流管线
中虚线	- - - - - -	$0.50b$	给水排水设备、零（附）件的不可见的轮廓线；总图中新建的建筑物和构筑物的不可见的轮廓线；原有各种给水和其他重力流管线不可见的轮廓线
细实线	——	$0.25b$	建筑的可见轮廓线；总图中原有的建筑物和构筑物的可见的轮廓线；制图中的各种标注线
细虚线	…………	$0.25b$	建筑的不可见轮廓线；总图中原有的建筑物和构筑物的不可见的轮廓线
单点长划线	—·—·—	$0.25b$	中心线、定位轴线
折断线	——／\———	$0.25b$	断开界限
波浪线	～～～～	$0.25b$	平面图中水面线；局部构造层次范围线；保温范围示意线

三、标高及标注方式

1. 标高

标高符号及一般标注方法应符合现行国家标准《房屋建筑制图统一标准》GB/T 50001 的规定。标高有相对标高和绝对高程两种。

室内工程应标注相对标高，室外工程宜标注绝对标高，当无绝对标高资料时，可标注相对标高，但应与总图专业一致。建筑给排水系统以一楼室内地坪为 ± 0.000，并与建筑图采用的相对标高一致。

压力管道应标注管中心标高；重力流管道和沟渠宜标注管（沟）内底标高。标高单位以米计时，可注写到小数点后第二位。

在下列部位应标注标高。

① 压力流管道中的标高控制点。

② 管道穿外墙、剪力墙和构筑物的壁及底板等处。

③ 不同水位线处。

④ 建（构）筑物中土建部分的相关标高。

⑤ 沟渠和重力流管道：a. 建筑物内应标注起点、变径（尺寸）点、变坡点、穿外墙及剪力墙处；b. 需控制标高处；c. 小区内管道，管道布置图上管道的标高应按图2-6～图2-9的要求标注。

2. 标注方式

标高的标注方式应符合下列规定。

① 在平面图中，管道标高应按图2-2所示的方式标注。

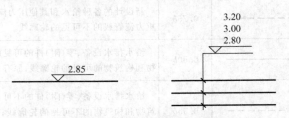

图2-2 平面图中管道标高的标注

② 平面图中，沟渠标高应按图2-3的方式标注。

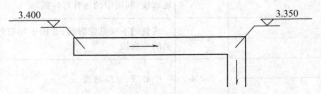

图2-3 平面图中沟渠标高的标注

③ 在轴测图中，管道标高应按图2-4所示的方式标注。

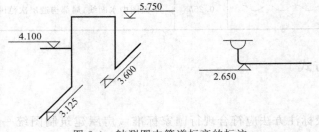

图2-4 轴测图中管道标高的标注

④ 剖面图中，管道及水位的标高应按图2-5所示的方式标注。

⑤ 在建筑工程中，管道也可标注相对本层建筑地面的标高，标注方法为 $h + \times . \times \times \times$，$h$ 表示本层建筑地面标高（如 $h + 0.250$）。

泵站应注明进水水位标高、泵站底板标高、集水池最高水位标高、最低水位标高、泵轴标高、水泵机组标高、泵站室内地坪标高以及室外地面标高等。

⑥ 总图管道布置图上标注管道标高宜符合下列规定。

a. 检查井上、下游管道管径无变径，且无跌水时，宜按图2-6的方式标注。

b. 检查井内上、下游管道的管径有变化或有跌水时，宜按图2-7的方式标注。

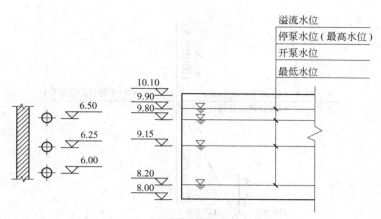

图 2-5　剖面图中管道及水位标高标注法

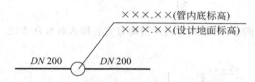

图 2-6　检查井上、下游管道管径无变径，且无跌水时标注方法

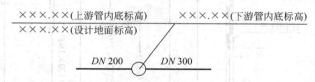

图 2-7　检查井内上、下游管道的管径有变化或有跌水时标注方法

c. 检查井内一侧有支管接入时，宜按图 2-8 的方式标注。

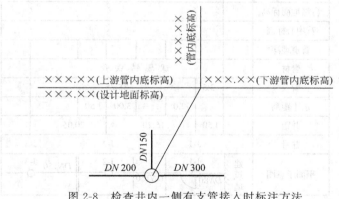

图 2-8　检查井内一侧有支管接入时标注方法

d. 检查井内两侧均有支管接入时，宜按图 2-9 的方式标注。

⑦ 设计采用管道纵断面图的方式表示管道标高时，管道纵断面图宜按下列规定绘制。

a. 压力流管道纵断面图如图 2-10 所示。

b. 重力管道纵断面图如图 2-11 所示。

重力流管道也可采用管道高程表的方式表示管道敷设标高，管道高程表的格式见表 2-5。

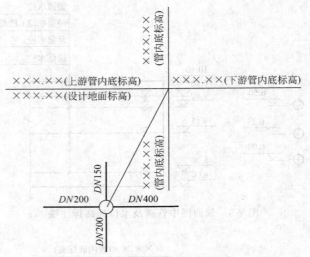

图 2-9　检查井内两侧均有支管接入时标注方法

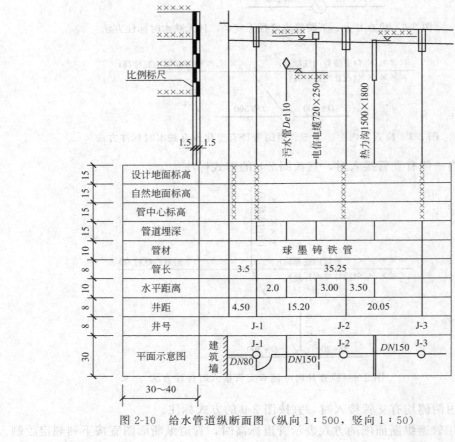

图 2-10　给水管道纵断面图（纵向 1：500，竖向 1：50）

四、管径的表达方式及标注

在给水排水工程中，管径应以毫米（mm）为单位。

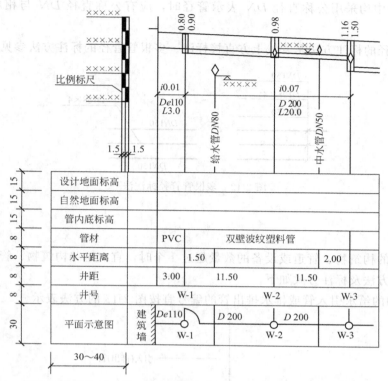

图 2-11　污水（雨水）管道纵断面图（纵向 1：500，竖向 1：50）

表 2-5　管道高程表的格式

序号	管段编号		管长 /m	管径 /mm	坡度 /%	管底坡降 /m	管底跌落 /m	设计地面标高/m		管内底标高/m		埋深/m		备注
	起点	终点						起点	终点	起点	终点	起点	终点	

各种管径的表达方式应符合下列规定：

① 水煤气输送管（镀锌或不镀锌）、铸铁管等管材，管径宜以公称直径 DN 表示（如 $DN150$、$DN50$）；

② 无缝钢管、焊接钢管（直缝或螺旋缝）等管材，管径宜以外径 $D \times$ 壁厚表示；

③ 铜管、薄壁不锈钢管等管材，管径宜以公称外径 D_w 表示；

④ 建筑给水排水塑料管材，管径宜以公称外径 dn 表示；

⑤ 钢筋混凝土（或混凝土）管，管径宜以内径 d 表示；

⑥ 复合管、结构壁塑料管等管材，管径应按产品标准的方法表示；

⑦ 当设计中均采用公称直径 DN 表示管径时，应有公称直径 DN 与相应产品规格对照表。

单根管管径的标注方法是管线上方直接标注。多根管管径的标注方法参见图 2-12。

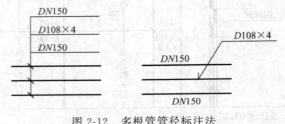

图 2-12　多根管管径标注法

五、编号

当图纸中的构筑物、管道或设备的数量超过 1 个时，宜对这些构筑物、管道或设备进行编号，编号的方法及标注方式如下。

① 建筑物的给水引入管或排水排出管的编号宜按图 2-13 的方法表示。

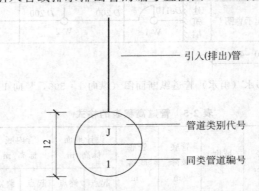

图 2-13　给水引入管或排水排出管编号的表示法

② 建筑物内穿越楼层的立管的编号宜按图 2-14 的方法表示。

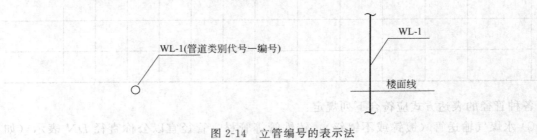

图 2-14　立管编号的表示法

③ 在总平面图中，构筑物的编号方法为：构筑物代号—编号。其中给水构筑物的编号顺序宜为：从水源到干管，再从干管到支管，最后到用户；排水构筑物的编号顺序宜为：从上游到下游，先干管后支管。

④ 当给水排水机电设备的数量超过 1 台时，宜进行编号，并应有设备编号与设备名称对照表。

六、索引符号与详图符号

1. 索引符号

当图中某一部分或某一构件另有详图时，应在其具体位置表明索引标志。索引标志具体有三种表示方法。

① 所索引的详图与原图画在同一张图纸上时，表示方法如图 2-15 所示。

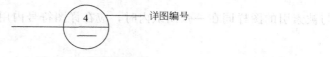

图 2-15 详图编号（一）

② 所索引的详图与原图不画在同一张图纸上时，表示方法如图 2-16 所示。

图 2-16 详图编号（二）

③ 所索引的详图是标准详图时，表示方法如图 2-17 所示。

图 2-17 标准详图编号

索引标志的圆圈一般用细实线绘制，圆圈直径一般以 8～10mm 为宜。

当某一局部剖面另有详图时，也可以采用局部剖面的详图索引标志注明。但由于剖面图有剖示方向，因此索引标志中也应有方向标志。具体表示方法如下。

当索引的局部剖面详图与原图画在同一张图纸上时，索引标志表示方法如图 2-18 所示。

图 2-18 剖面详图的编号（一）

粗线表示剖面的剖示方向。如粗线在引出线之上，即表示该剖面的剖视方向是向上，其余类推。粗线必须贯穿所切剖面的全面。

当索引的局部剖面详图与原图不画在同一张图纸上时，索引标志表示方法如图 2-19。

2. 详图符号

详图的位置和编号，应以详图符号表示。详图符号的圆应以直径为 14mm 粗实线绘制。详图应按下列规定编号。

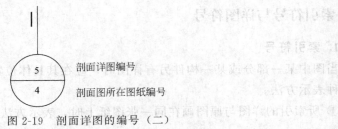

图 2-19　剖面详图的编号（二）

① 与被索引的图样同在一张图纸内时，应在详图符号内用阿拉伯数字注明详图的编号，见图 2-20。

图 2-20　被索引的图样同在一张图纸内详图
符号表示方法

② 详图与被索引的图样不在同一张图纸内，应用细实线在详图符号内画一水平直径，在上半圆中注明详图编号，在下半圆中注明被索引的图纸的编号，见图 2-21。

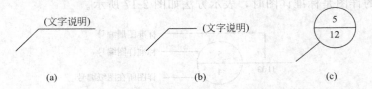

图 2-21　被索引的图样不在同一张图纸上的详图符号

3. 引出线

① 引出线以细实线绘制，宜采用水平方向的直线、与水平方向成 30°、45°、60°、90° 的直线，或经上述角度再折为水平线。文字说明宜注写在水平线的上方，也可注写在水平线的端部。索引详图的引出线应与水平直径线相连接，如图 2-22 所示。

② 同时引出几个相同部分的引出线，宜互相平行，也可画成集中于一点的放射线，如图 2-22 所示。

图 2-22　引出线及共用引出线

③ 多层构造或多层管道共用引出线，应通过被引出的各层。文字说明宜注写在水平线的上方或注写在水平线的端部，说明的顺序应由上至下，并应与被说明的层次相互一致。如层次为横向排序，则由上至下的说明顺序应与由左至右的层次相互一致，见图 2-23。

4. 其他符号

（1）对称符号　对称符号由对称线和两端的两对平行线组成。对称线用细点画线绘制；

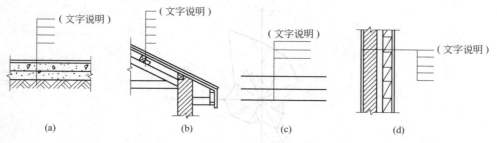

图 2-23 多层构造或多层管道共用引出线

平行线用细实线绘制，其长度宜为 6~10mm，每对的间距宜为 2~3mm；对称线垂直平分于两对平行线，两端超出平行线宜为 2~3mm，见图 2-24。

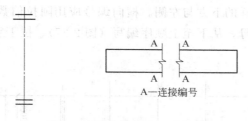

图 2-24 对称符号和连接符号

（2）连接符号 连接符号应以折断线表示需连接的部位。两部位相距过远时，折断线两端靠图样一侧应标注大写拉丁字母表示连接编号。两个被连接的图样必须用相同的字母编号，见图 2-24。

（3）指北针 指北针的形状宜如图 2-25 所示，其圆的直径宜为 24mm，用细实线绘制；指针尾部的宽度宜为 3mm，指针头部应注"北"或"N"字。需用较大直径绘制指北针时，指针尾部宽度宜为直径的 1/8。

图 2-25 指北针示意

（4）风向频率玫瑰图 风向频率玫瑰图，俗称风向图，如图 2-26 所示，是在罗盘方位图上根据多年平均统计的各个方向吹风次数的百分数值而绘制的图形。有箭头的方向为北向。风吹方向是指从外吹向中心，实线表示全年风向频率，虚线表示按 6 月、7 月、8 月三个月统计的夏季风向频率。最大风频方向即为该地区的主导风向，又名盛行风向。

七、定位轴线

定位轴线一般应编号，编号应注写在轴线端部的圆内。圆应用细实线绘制，直径为 8~

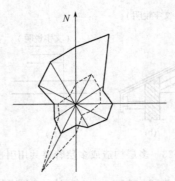

图 2-26 风向玫瑰图

10mm。定位轴线圆的圆心，应在定位轴线的延长线上或延长线的折线上。平面图上，定位
轴线的编号，宜标注在图样的下方与左侧。横向编号应用阿拉伯数字，从左至右顺序编写，
竖向编号应用大写拉丁字母，从下至上顺序编写（图 2-27）。拉丁字母的 I、O、Z 不得用作
轴线编号。

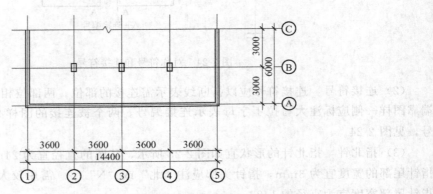

图 2-27 定位轴线的编号顺序

组合较复杂的平面图中定位轴线也可采用分区编号，编号的注写形式应为"分区号—该
分区编号"。分区号采用阿拉伯数字或大写拉丁字母表示。

附加定位轴线的编号，应以分数形式表示，并应按下列规定编写：

两根轴线间的附加轴线，应以分母表示前一轴线的编号，分子表示附加轴线的编号，编
号宜用阿拉伯数字顺序编写，如 ① 表示 2 号轴线之后附加的第一根轴线。

一个详图适用于几根轴线时，应同时注明各有关轴线的编号。通用详图中的定位轴线，
应只画圆，不注写轴线编号（图 2-28）。

图 2-28 详图的轴线编号

八、尺寸标注

图样上的尺寸，包括尺寸界线、尺寸线、尺寸起止符号和尺寸数字在总平面及标高标注时，数字单位为 m，其他情况均以 mm 为单位，具体请参见图 2-29。

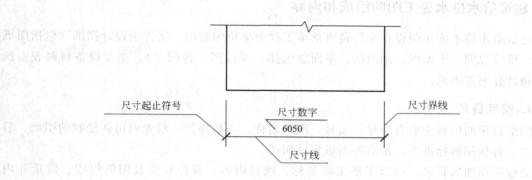

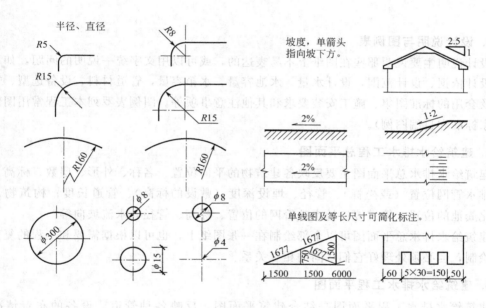

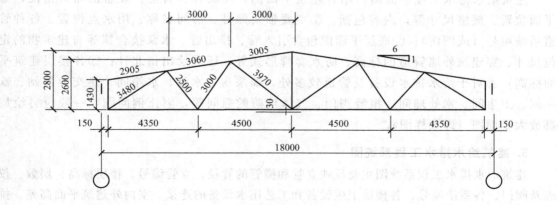

图 2-29　尺寸标注法

第二节 建筑给水排水施工图的主要
内容及识读程序

一、建筑给水排水施工图的组成和内容

建筑给水排水施工图设计文件是以单项工程为单位编制的。文件由设计图纸（包括图纸目录、设计说明、平面图、剖面图、平面放大图、系统图、详图等）、主要设备材料表、预算书和计算书等组成。

1. 图纸目录

图纸目录的内容主要有序号、编号、图纸名称、张数等。一般先列出新绘制的图纸，后列出本工程选用的标准图，最后列出重复使用图。

通过阅读图纸目录，可以了解工程名称、项目内容、设计日期及图纸组成、数量和内容等。

2. 设计说明与图例表

设计说明主要说明那些在图纸上不易表达的，或可以用文字统一说明的问题，如工程概况、设计依据、设计范围，设计水量、水池容量、水箱容量，管道材料、设备选型、安装方法以及套用的标准图集、施工安装要求和其他注意事项等。图例表罗列本工程常用图例（包括国家标准和自编图例）。

3. 建筑给水排水工程总平面图

建筑给水排水总平面图主要反映各建筑物的平面位置、名称、外形、层数、标高；全部给水排水管网位置（或坐标）、管径、埋设深度（敷设的标高）、管道长度；构筑物、检查井、化粪池的位置；管道接口处市政管网的位置、标高、管径、水流坡向等。

建筑给水排水总平面图可以全部绘制在一张图纸上，也可以根据需要和工程的复杂程度分别绘制，但必须处理好它们之间的相互关系。

4. 建筑给水排水工程平面图

建筑给水排水工程平面图是结合建筑平面图，反映各种管道、设备的布置情况，如平面位置、规格尺寸等，内容包括：①主要轴线编号、房间名称、用水点位置、各种管道系统编号（或图例）；②底层平面图包含引入管、排出管、水泵接合器等与建筑物的定位尺寸、穿建筑外墙管道的标高、防水套管形式等，还应绘出指北针；③各楼层建筑平面标高；④对于给水排水设备及管道较多处，如泵房、水池、水箱间、热交换器站、饮水间、卫生间、水处理间、报警阀门、气体消防贮瓶间等，因比例问题，一般应另绘局部放大平面图（即大样图）。

5. 建筑给水排水工程系统图

建筑给水排水工程系统图主要反映立管和横管的管径、立管编号、楼层标高、层数、仪表及阀门、各系统编号、各楼层卫生设备和工艺用水设备的连接、室内外建筑平面高差、排水立管检查口、通风帽等距地（板）高度等。

建筑给水排水工程系统图有系统轴测图和展开系统原理图两种表达方式。展开系统原理图具有简捷、清晰等优点，工程中用得比较多。展开系统原理图一般不按比例绘制，系统轴测图一般按比例绘制。无论是系统轴测图还是展开系统原理图，复杂的连接点可以通过局部放大体现，如常见卫生间管道放大轴测图。

6. 安装详图

安装详图是用来详细表示设备安装方法的图纸，是进行安装施工和编制工程材料计划时的重要参考图纸。安装详图有两种：一种是标准图集，包括国家标准图集、各设计单位自编的图集等；另一种是具体工程设计的详图（安装大样图）。详图的比例一般较大，且一定要结合现场情况，结合设备、构件尺寸详细绘制，有时配合建筑给水排水剖面图表示。

7. 计算书

计算书包括设计计算依据、计算过程及计算结果，计算书由设计单位作为技术文件归档，不外发。

8. 主要设备材料表及预算

建筑给水排水工程施工图设备材料表中的内容包括所需主要设备、材料的名称、型号、规格、数量等。它可以单独成图，也可以置于图中某一位置。根据建筑给水排水工程施工图编制的预算，也是施工图设计文件的内容之一。

二、建筑给水排水施工图识图的一般程序

识读建筑给水排水施工图的方法没有统一规定。通常是先浏览整个设计文件，了解整个工程概况，然后反复阅读重点内容，掌握设计要求。阅读时要把平面图、系统图和大样图联系在一起，一些技术要求要查规范。一开始接触工程施工图纸时，一般多按以下顺序阅读。

1. 阅读图纸目录及标题栏

了解工程名称，项目内容，设计日期及图纸组成、数量和内容等。

2. 阅读设计说明和图例表

在阅读工程图纸前，要先阅读设计说明和图例表。通过阅读设计说明和图例表，可以了解工程概况、设计范围、设计依据、各种系统用（排）水标准与用（排）水量、各种系统设计概况、管材的选型及接口的做法、卫生器具选型与套用图集、阀门与阀件的选型、管道的敷设要求、防腐与防锈等处理方法、管道及其设备保温与防结露技术措施、消防设备选型与套用安装图集、污水处理情况、施工时应注意的事项等。阅读时要注意补充使用的非国家标准图形符号。

3. 阅读建筑给水排水工程总平面图

通过阅读建筑给水排水工程总平面图，可以了解工程内所有建筑物的名称、位置、外形、标高、指北针（或风玫瑰图）；了解工程所有给水排水管道的位置、管径、埋深和长度等；了解工程给水、污水、雨水等接口的位置、管径和标高等情况；了解水泵房、水池、化

粪池等构筑物的位置。阅读建筑给水排水工程总平面图必须紧密结合各建筑物建筑给水排水工程平面图。

4. 阅读建筑给水排水工程平面图

通过阅读建筑给水排水工程平面图，可以了解各层给水排水管道、平面卫生器具和设备等布置情况，以及它们之间的相互关系。阅读时要重点注意地下室给水排水平面图、一层给水排水平面图、中间层给水排水平面图、屋面层给水排水平面图等。同时要注意各层楼平面变化、地面标高等。

5. 阅读建筑给水排水系统图

通过阅读建筑给水排水工程系统图，可以掌握立管和横管的管径、立管编号、楼层标高、层数、仪表及阀门、各系统编号、各楼层卫生设备和工艺用水设备的连接，以及排水管的立管检查口、通风帽等距地（板）高度等。阅读建筑给水排水工程系统图必须结合各层管道布置平面图，注意它们之间的相互关系。

6. 阅读安装详图

通过阅读安装详图，可以了解设备安装方法，在安装施工前应认真阅读。阅读安装详图时应与建筑给水排水剖面图对照阅读。

7. 阅读主要设备材料表

通过阅读主要设备材料表，可以了解该工程所使用的设备、材料的型号、规格和数量，在编制购置设备、材料计划前要认真阅读主要设备材料表。

第三节　建筑给水排水施工图中
常用图例、符号

管线、设备、附件、阀门、仪表、管道连接配件等均有常用的图例，设计时可以选用。应该说明的是，当使用的不是常用的图例时，在绘图时应加以说明。

一、管道图例

管道类别应以汉语拼音字母表示。管道常用图例见表2-6。

表 2-6　管道常用图例

名　称	图　例	名　称	图　例
生活给水管	——— J ———	中水给水管	——— ZJ ———
热水给水管	——— RJ ———	循环给水管	——— XJ ———
热水回水管	——— RH ———	循环回水管	——— Xh ———

续表

名　称	图　例	名　称	图　例
热媒给水管	——RM——	通气管	——T——
热媒回水管	——RMH——	污水管	——W——
蒸汽管	——Z——	压力污水管	——YW——
保温管	～～～～	雨水管	——Y——
多孔管	＊＊＊	压力雨水管	——YY——
管道立管	XL-1　XL-1 X:管道类别 平面　系统 L:立管 1:编号	虹吸雨水管	——HY——
伴热管	——— ———	膨胀管	——PZ——
空调凝结水管	——KN——	地沟管	------ ------
凝结水管	——N——	防护套管	▭
废水管	——F——	排水明沟	坡向 ——
压力废水管	——YF——	排水暗沟	坡向 ——

注：1. 分区管道用加注角标方式表示，如 J_1、J_2、RJ_1、RJ_2 等。

2. 原有管线可用比同类型的新设管线细一级的线型表示，并加斜线，拆除管线则加叉线。

二、管道附件图例

管道附件常用图例见表 2-7。

表 2-7　管道附件常用图例

名　称	图　例	名　称	图　例
套管伸缩器		方形伸缩器	
刚性防水套管		柔性防水套管	
波纹管		可曲挠橡胶接头	
管道固定支架		立管检查口	
管道滑动支架		清扫口	平面　系统
雨水斗	YD-　平面　YD-　系统	通气帽	成品　蘑菇形
排水漏斗	平面　系统	圆形地漏	平面　系统
方形地漏		自动冲洗水箱	
挡墩		减压孔板	
Y 形除污器		毛发聚集器	平面　系统
防回流污染止回阀		吸气阀	
真空破坏器		防虫罩网	
金属软管			

三、管道连接图例

管道连接常用图例见表 2-8。

表 2-8　管道连接常用图例

名　称	图　例	名　称	图　例
法兰连接	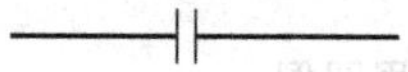	管道丁字上接	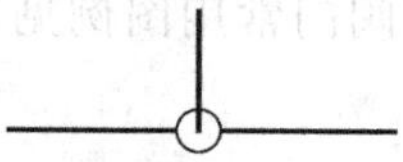
承插连接	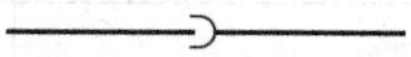	管道丁字下接	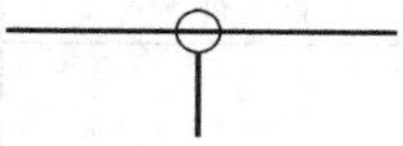
活接头	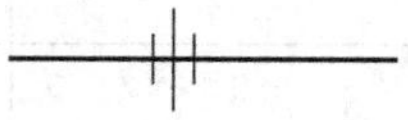	管堵	
法兰堵盖		管道交叉（在下方和后面的管道应断开）	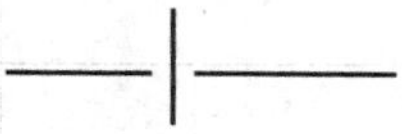
盲板		弯折管	 高　低　　低　高
三通连接	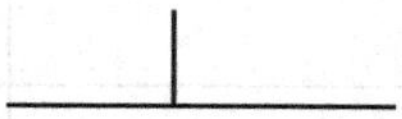	四通连接	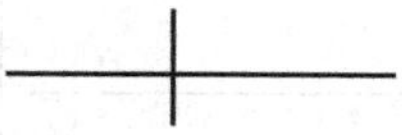

四、管件图例

管件的常用图例见表 2-9。

表 2-9　管件的常用图例

名　称	图　例	名　称	图　例
偏心异径管		乙字管	
异径管	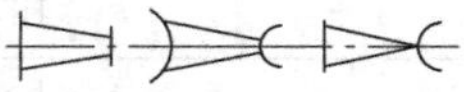	喇叭口	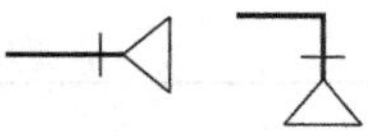
转动接头	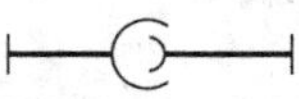	S形存水弯	
斜三通		P形存水弯	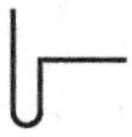
正三通	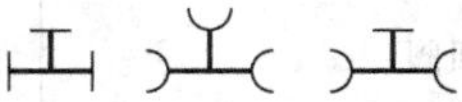	短管	
正四通		弯头	
斜四通	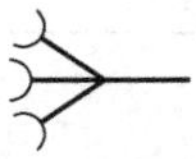	浴盆排水件	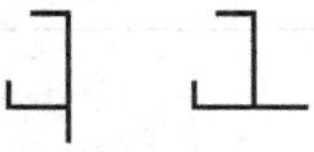

五、阀门图例

阀门常用图例见表 2-10。

表 2-10　阀门常用图例

名　称	图　例	名　称	图　例
闸阀		旋塞阀	平面　系统
角阀		底阀	
三通阀		球阀	
四通阀		隔膜阀	
截止阀	DN≥50　DN<50	气开隔膜阀	
蝶阀		电动隔膜阀	
电动闸阀		气闭隔膜阀	
液动闸阀		温度调节阀	
气动闸阀		压力调节阀	
电动蝶阀		电磁阀	
滚动蝶阀		止回阀	
气动蝶阀		消声止回阀	
减压阀		持压阀	

续表

名　称	图　例	名　称	图　例
泄压阀		水力液位控制阀	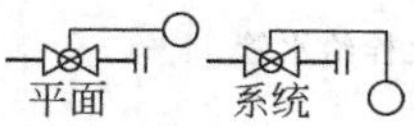 平面　　系统
弹簧安全阀	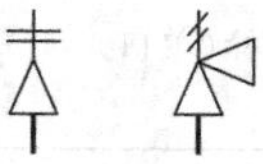	延时自闭冲洗阀	
平衡锤安全阀	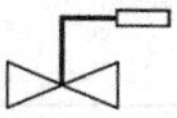	感应式冲洗阀	
自动排气阀	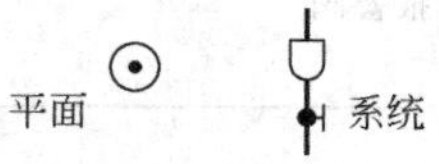 平面　　系统	吸水喇叭口	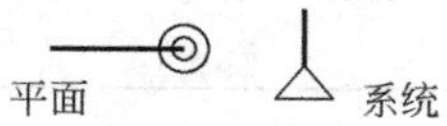 平面　　系统
浮球阀	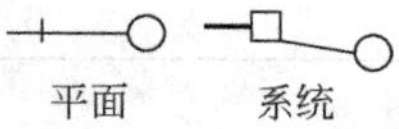 平面　　系统	疏水器	

六、给水附件图例

给水附件常用图例见表 2-11。

表 2-11　给水附件常用图例

名　称	图　例	名　称	图　例
放水龙头(左侧为平面图,右侧为系统)		脚踏开关水嘴	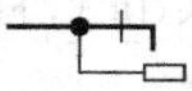
皮带龙头(左侧为平面图,右侧为系统)	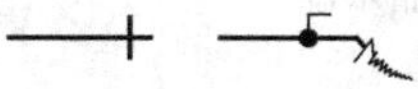	混合水龙头	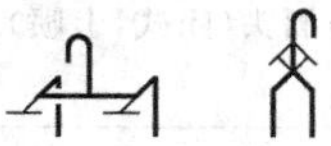
洒水(栓)龙头	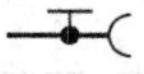	旋转水龙头	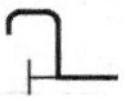
化验龙头	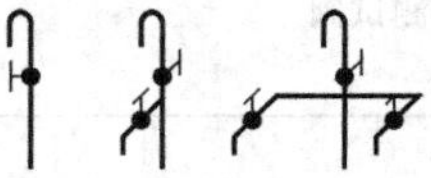	浴盆带喷头混合水龙头	
肘式龙头		蹲便器脚踏开关	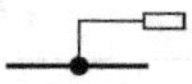

七、消防设施图例

消防设施常用图例见表 2-12。

表 2-12 消防设施常用图例

名　称	图　例	名　称	图　例
消火栓给水管	——XH——	室外消火栓	
自动喷水灭火给水管	——ZP——	室内消火栓(单口)	平面　系统
雨淋灭火给水管	——YL——	湿式报警阀	平面　系统
水幕灭火给水管	——SM——	干式报警阀	平面　系统
水炮灭火给水管	——SP——	预作用式报警阀	平面　系统
室内消火栓(双口)	平面　系统	雨淋阀	平面　系统
水泵接合器		信号闸阀	
自动喷洒头(开式)	平面　系统	信号蝶阀	
自动喷洒头(闭式,下喷)	平面　系统	消防炮	平面　系统
自动喷洒头(闭式,上喷)	平面　系统	水流指示器	Ⓛ
自动喷洒头(闭式,上下喷)	平面　系统	水力警铃	
侧墙式自动喷洒头	平面　系统	末端测试阀	平面　系统
水喷雾喷头	平面　系统	手提式灭火器	
直立型水幕喷头	平面　系统	推车式灭火器	
下垂型水幕喷头	平面　系统		

八、卫生设备及水池图例

卫生设备及水池常用图例见表 2-13。

表 2-13　卫生设备及水池常用图例

名　称	图　例	名　称	图　例
立式洗脸盆		立式小便器	
台式洗脸盆		挂式小便器	
挂式洗脸盆		蹲式大便器	
浴盆		坐式大便器	
化验盆、洗涤盆		小便槽	
厨房洗涤盆(不锈钢)		淋浴喷头	
带沥水板洗涤盆		污水池	
盥洗槽		妇女卫生盆	

九、小型给水排水构筑物的图例

小型给水排水构筑物常用图例见表 2-14。

十、给水排水设备的图例

给水排水设备常用图例见表 2-15。

表 2-14　卫生设备及水池常用图例

名　称	图　例	名　称	图　例
矩形化粪池	 （HC 为化粪池代号）	雨水口（单箅）	
隔油池	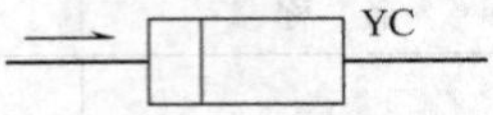 （YC 为隔油池代号）	雨水口（双箅）	
沉淀池	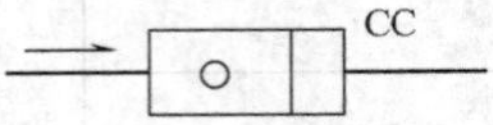 （CC 为沉淀池代号）	阀门井及检查井	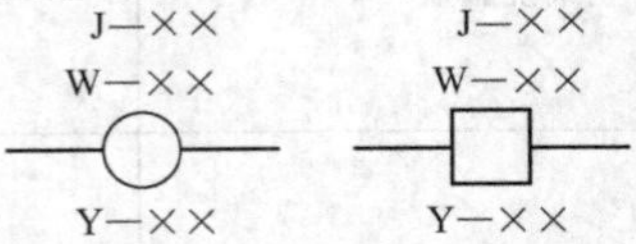 （以代号区分管道）
降温池	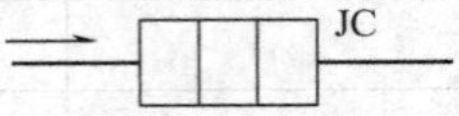 （JC 为降温池代号）	水封井	
中和池	 （ZC 为中和池代号）	跌水井	
水表井			

表 2-15　给水排水设备常用图例

名　称	图　例	名　称	图　例
卧式水泵	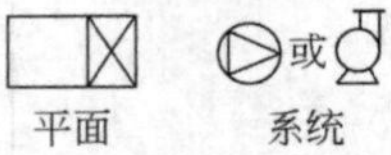 平面　　系统	板式热交换器	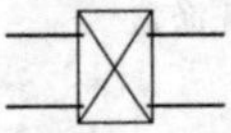
立式水泵	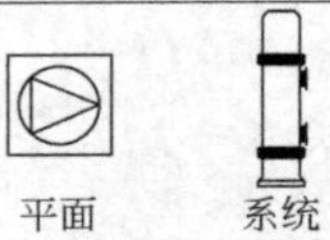 平面　　系统	开水器	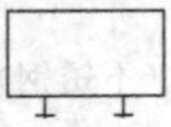
潜水泵	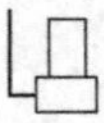	喷射器	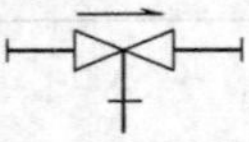 （小三角为进水端）
定量泵		除垢器	
管道泵	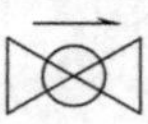	水锤消除器	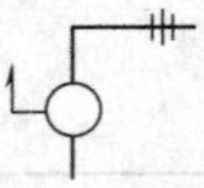
卧式容积热交换器	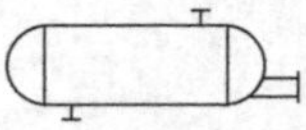	搅拌器	
立式容积热交换器		紫外线消毒器	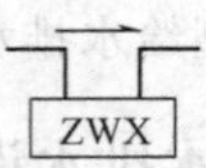 ZWX
快速管热交换器	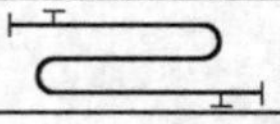		

十一、给水排水专业所用仪表的图例

给水排水专业所用仪表常用图例见表 2-16。

表 2-16　给水排水专业所用仪表常用图例

名　称	图　例	名　称	图　例
温度计		真空表	
压力表		温度传感器	----[T]----
自动记录压力表		压力传感器	----[P]----
压力控制器		pH 传感器	----[pH]----
水表		酸传感器	----[H]----
自动记录流量表		碱传感器	----[Na]----
转子流量计	平面　　系统	余氯传感器	----[Cl]----

注：上述未列出的管道、设备、配件等图例，设计人员可自行编制说明，但不得与上述图例重复和混淆。

第三章 图纸目录、设计总说明与主要设备材料表

第一节 图纸目录

图纸目录应单独排列在所有建筑给水排水施工图的最前面，且不应编入图纸的序号内。编排图纸目录时应先列出新绘制图纸，后列选用的标准或重复利用图。基本图和详图属于新绘图，列在目录的前面。在目录的后面，有时还常会列出所利用的标准图集代号。

建筑给水排水施工图的目录应一个子项编一份，在同一目录内不得编入其他单项的图纸，以便于归档、查阅和修改。

图纸目录一般包括序号、图纸名称、编号、张数、图纸规格、备注等，目录格式详见图3-1。

××××建筑设计院 (建设部甲级××××号) 2014年01月20日	图　纸　目　录						工程编号 2014-09
	工程名称	××××					
	项　　目	公寓楼					共1页第1页
序号	图纸编号	图　纸　名　称	张　数					备　注
			0	1	2	3	4	
01	水施-01	设计总说明与图例		1				
02	水施-02	主要设备材料表与使用标准图目录		1				
03	水施-03	总平面图		1				
04	水施-04	给水系统原理图		1				
05	水施-05	室内消火栓系统原理图		1				
06	水施-06	自动喷水灭火系统原理图		1				
07	水施-07	水喷雾灭火系统原理图		1				
08	水施-08	污水排水系统图		1				
09	水施-09	雨水排水系统图		1				
10	水施-10	地下室管道平面图		1				
11	水施-11	一层管道平面图		1				
12	水施-12	标准层管道平面图		1				
13	水施-13	屋面管道平面图			1			
14	水施-14	水泵房平面与剖面大样图		1				
15	水施-15	地下室排水集水井平面与剖面大样图		1				
16	水施-16	水箱间平面与剖面大样图			1			
17	水施-17	1号卫生间布置平面与轴测大样图			1			
18	水施-18	2号卫生间布置平面与轴测大样图			1			
19	水施-19	3号卫生间布置平面与轴测大样图			1			
20	水施-20	4号卫生间布置平面与轴测大样图			1			
		校对人：			设计人：			

图 3-1　目录格式

编排图纸目录时应注意以下几点：

① 按一定顺序为图纸编上序号。序号应从"1"开始，不得从"0"开始，不得空缺或重号。

② 图纸编号时要注明图纸设计阶段。如初步（扩大初步）设计阶段常表达为"水初-×
×"，施工图阶段常表达为"水施-××"等。各张图纸顺序编号，可以重号，但重号时要加
注脚码。重号主要用于相同图名的图纸，如材料表有多张时，可以编为"3a"、"3b"……图
号一般不能空缺，以免混乱。

③ 要进行工程编号。工程编号是设计单位内部对工程所做的编号，常由几位数字组成。
前几位数字表示年份，后几位数字表示工程的业务顺序。如 2014-09 表示该工程是 2014 年
签订的合同，业务顺序为 09。

④ 图纸种类一般在备注中说明，如国标、省标、重复使用图等，套用其他子项说明。

第二节　设计总说明

设计总说明主要是介绍工程概况、设计依据、设计范围、基本指导思想和原则、图纸中
未能清楚表明的工程特点、工程等级、安装方式、工艺要求、特殊装备的安装说明，以及有
关施工中的注意事项。设计总说明一般紧跟在图纸目录的后面，其他图纸的前面。对于比较
大的工程，设计说明可按照生活（生产）给水排水、消防给水排水和室外给水排水等分别
编写。

设计说明是图纸的重要组成部分，按照先文字、后图形的识图原则，在识读图纸之前，
首先应仔细阅读说明的有关内容。说明中交代的有关事项，往往对整套给水排水工程施工图
的识读和施工都有着重要的影响。

一、设计总说明一般要求

设计总说明一般要包括以下内容：

① 简述说明设计依据及来源；

② 明确本工程的设计范围；

③ 明确建筑的规模、体积、功能分区等；

④ 明确冷、热水日用水量，污水日排水量，雨水排水量，各个消防系统用水标准、消
防总用水量、消防储水量，水箱、水池容量；

⑤ 简述给水排水与消防各个系统设计概况；

⑥ 尺寸单位及标高标准；

⑦ 简述管材的选型及接口形式；

⑧ 简述卫生器具选型与套用安装图集；

⑨ 立管与排出管的连接方法；

⑩ 简述阀门与阀件的选型；

⑪ 检查口及伸缩节安装要求；

⑫ 简述管道的敷设要求；

⑬ 简述管道和设备防腐、防锈等处理方法；

⑭ 简述管道及其设备保温、防结露技术措施；

⑮ 简述污水处理装置［隔油池（器）、化粪池、地埋式污水处理装置等］的选型、处理能力、套用图集等；

⑯ 简述消防设备选型与套用安装图集；

⑰ 简述施工过程中需要特别交代和说明的问题。

设计总说明与图例一般应列在首页。有需要特殊加注的，可分别写在有关图纸上（如有泵房、净化处理站或复杂民用建筑时，应有运转或操作说明）。

二、设计总说明实例

（一）常规给水排水设计说明实例

1. 设计依据

① 《建筑给水排水设计规范》GB 50015—2003。

② 《全国民用建筑工程设计技术措施·给水排水》。

③ 其他现行的有关设计规范、规程和规定。

④ 有关主管部门对方案设计的审查意见。

⑤ 业主所提供的相关市政给水、污水、雨水管网资料。

⑥ 建筑等专业提供的图纸。

2. 设计范围

本工种主要负责地块红线内建筑物室内外给水、污废水、雨水等的施工图设计与配合。

3. 工程概况

本建筑为 12 层，地上总建筑面积 8194m²，地下建筑面积 795m²，地下室为设备用房，1～2 层为餐饮及办公用房，3～11 层为宾馆客房，12 层为办公。建筑高度 49.5m，水池、泵房设于本楼地下室，高位消防水箱设于屋顶。楼体为钢筋混凝土结构。

4. 给水系统

① 水源：本楼水源来自市政给水管，市政供水压力 $P=0.20$MPa。最高日用水量为 708m³/d。由市政给水管网引入两条 $DN100$ 给水管，接至地下室生活调节水箱。生活水箱有效容积 25m³。

② 给水方式：生活给水由地下室水泵房生活水泵微机变频调速供水，上行下给，供水压力为 0.81MPa。

本楼供水共分两个系统，1～6 层为低区给水系统，7～12 层为高区给水系统。

低区给水系统：1～6 层超压部分采用减压阀减压供水，阀后压力 0.35MPa。生活给水泵型号为 50KDLD12-12.5×6，共 3 台，2 用 1 备，给水泵参数为 $N=7.5$kW，$Q=9.0$m³/h，$H=81$m，配套微机 KDC 一套。

高区给水系统：由地下室水泵房生活水泵微机变频调速供水，上行下给，供水压力为 0.35MPa。

5. 热水供应

本楼生活热水由本楼地下室生活水泵房换热器供给，热媒由电加热机组供给，热媒进端为 90℃ 热水，热媒出端为 70℃ 热水。冷水（5～60℃）经容积式浮动盘管换热器换热后供给本楼用水。热水采用机械循环，上供下回。回水管上设置温度传感器控制循环水泵启动，启泵温度 55℃，停泵温度 60℃，设计小时耗热量为 337kW；设计小时用水量为 10m³/h。

热媒循环水泵的型号为 KDL40/90-0.37/2，共两台，一用一备，循环泵的参数为 $N=0.37kW$，$Q=7.4m³/h$，$H=9m$。

6. 排水系统

① 生活污水直排至室外污水检查井，卫生间为双立管排水，其他为单立管排水，于十一层顶汇合通气管后伸顶至屋面，主、副食加工污水经隔油池隔油处理后排至室外排水井。消防电梯集水坑内设潜水排污泵，消防时排水。地下室为压力排水。

排污潜水泵型号：65QW37-13-3，$N=3.0kW$，$Q=18m³/h$，$H=15m$，共 6 台，每处一备一用，共三处。

② 排水管的坡度。$DN50$，$i \geqslant 0.035$；$DN75$，$i \geqslant 0.025$；$DN100$，$i \geqslant 0.020$；$DN150$，$i \geqslant 0.01$；$DN200$，$i \geqslant 0.008$。排水立管转弯及排水立管与排出管连接管采用二个 45° 弯头或采用斜三通连接。排水三通应采用顺水三通或斜三通配件。管道待主体竣工后再与室外检查井连接。

③ 雨水与污水分流。屋面雨水设有雨水斗，雨水经汇集后，再排入市政雨水管网。

7. 卫生洁具选用

① 按甲方要求，住宅内卫生间设三洁具，厨房设备由用户自理。洗衣机地漏带插口。

② 公共卫生间设：蹲式大便器（内置水封），配感应式冲洗阀（带防污隔断器）；壁挂式方形小便器（内置水封），配感应式冲洗阀（带防污隔断）；台式洗手盆，配感应龙头；拖布池，配普通水龙头；地下室冲洗龙头，用皮带水嘴。水泵房、发电机房设洗涤盆，配普通水龙头。卫生洁具安装详见 99S304，残疾人卫生间安装详见建筑图。施工中若蹲便器及小便器改为不带内置水封型时，排水支管上应加设存水弯。

8. 管材、保温防腐及阀门

给水管采用钢塑复合管及配件，上部排水管、雨水管用离心排水铸铁管。冷凝水管、地下室人防埋地排水管及集水池潜污泵排出管用热镀锌钢管，明设钢塑复合管外刷银粉漆两道，铸铁管外刷防锈漆一道、灰色调和漆两道。埋地钢塑复合管和铸铁管外刷石油沥青涂料两道。所有管道支、吊架除锈后红丹打底，外刷与管道相同颜色漆两道。生活用水管道与杂用水管道应外刷不同颜色。

9. 管道敷设

① 阀门及配件需装可拆卸的法兰或螺纹活套，并安装在方便维修、拆卸的位置。管道井或吊顶内阀门应配合土建留有检修口。所有管道井内楼板应带管道安装后封堵。给水排水管道与气体双叶管道交叉，互相协调。除图纸注明标高外，设于吊顶内管道安装应尽可能紧贴梁底，立管按规定尺寸靠近墙面或柱边。

② 立管及水平支管、吊架安装详见国标 03S402，所有立管底部应加支墩或铁架固定，管道穿楼板、梁、外墙等均设套管，其缝隙应填塞严密。管道穿水箱壁采用Ⅲ型防水翼环，

水泵吸水管穿储水池池壁及地下室给水管穿外墙，采用Ⅳ型防水套管，地下室排水管穿外墙壁采用Ⅱ型防水套管，防水套管安装均详见国标02S404。水箱进水采用全铜浮球阀。

③ 水泵基础采用隔振器或橡胶隔振垫，水泵进出水管安装可曲挠橡胶柔性接头。水泵基础隔振及惰性块钢筋混凝土配筋等安装详见国标98S102。

④ 管道井暗装排水竖管上的检查口及浴盆排水口处应设检修门，做法详见土建图。

⑤ 给水管所标注标高指管中，排水管指管内底。标高以米计，气体尺寸以毫米计。室内标高为±0.00。

⑥ 钢塑复合管、镀锌钢管螺纹连接，排水铸铁管卡箍式连接。

⑦ 地漏、清扫口、排水通气帽安装详见国标04S301。

⑧ 住宅每户设 LXS-20E 型冷水表一只，标签均设相应规格铜截止阀一只，相应规格法兰波纹金属软管一只。

10. 水压试验及竣工验收

① 施工单位应对所承担的给水、排水、雨水等设备安装进行全面的试验，以符合设计及国家有关规定。

② 室内给水管道工作压力为1.0MPa，试验压力应为工作压力的1.5倍。水压实验时，10min压力降不大于0.05MPa，然后将试验压力降至工作压力后做外观检查，以不漏为合格。

③ 排水管安装后做灌水试验，暗装或埋地排水管在隐蔽前后必须做灌水试验。满水15min后，再灌满延续5min，液面不下降为合格。雨水管灌水高度必须到每根立管最上部的雨水漏斗。

④ 所有排水管道及卫生洁具等安装应按国家有关规定进行验收。

(二) 消防给水排水设计说明实例

1. 设计依据

① 《建筑设计防火规范》GB 50016—2014；

② 《消防给水及消火栓系统技术规范》GB 50974—2014；

③ 《自动喷水灭火系统设计规范》GBJ 50084—2001；

④ 《建筑灭火器配置设计规范》GB 50140—2005；

⑤ 其他现行的有关设计规范、规程和规定；

⑥ 有关主管部门对方案设计的审查意见；

⑦ 业主所提供的相关市政给水、污水、雨水管网资料。

2. 设计范围

本工种主要负责地块红线内建筑物消火栓消防、自动喷水灭火、灭火器配置等的施工图设计与配合。

3. 工程概况

本建筑为12层，地上总建筑面积8194m²，地下建筑面积795m²，地下室为设备用房，1~2层为餐饮及办公用房，3~11层为宾馆客房，12层为办公。建筑高度49.5m，水池、泵房设于本楼地下室，高位消防水箱设于屋顶。按一类高层建筑商住楼进行防火设计。

4. 消防给水

① 消防水源。本工程消防用水由市政管网供给，由市政给水管网引入两条 $DN100$ 给水管，接至室内地下消防蓄水池。消防水池有效容积 $350m^3$。水池内的消防用水设有不被动用的技术措施。屋顶水箱内存有 $18m^3$ 消防专用水。水箱至最不利点消火栓净压力为 0.07MPa。

② 消防用水量。消防用水量见表3-1。

表 3-1 消防用水量

项 目	用水量/(L/s)	火灾延续时间/h	总用水量/m³
室外消火栓系统	20	2	144
室内消火栓系统	20	2	144
自动喷水灭火系统	25	1	90
水喷雾灭火系统	18	0.5	32.4

5. 室内消火栓系统

本楼室内消防给水由水池、泵房直接供给，消火栓管道竖向成环。每层消火栓布置均能满足火灾时任何部位有两股充实水柱到达，消火栓最不利点充实水柱为 11.4m。室内消火栓系统设消火栓增压稳压设备 ZW（L)-I-X-10 一套，配用水泵型号 KDP65/140-3/2，$N=$ 3.0kW，$Q=5L/s$，$H=25m$，共两台，一备一用。室内消火栓系统设有自动巡检功能。消火栓箱采用铝合金箱，箱内配 SN65 型消火栓一个，QZ-19 水枪一支，$DN65$ 麻质衬胶水龙带 $L=25m$ 一条，直接启动消防泵按钮和指示灯一只。六层及以下设 SNJ65-1.6 型减压消火栓。消火栓箱均采用铝合金箱体，屋面设有一个装有压力显示装置的检查用的消火栓。室内消火栓安装详见国标 04S202。屋顶水箱间设 $18m^3$ 消防水箱（与喷洒系统共用）和增压设施，为初期消防使用。系统设置 SQX100 型地下式消火栓水泵接合器两组，消防水泵结合器安装详见国标 99S203。

消防电梯集水坑内设潜水排污泵，消防时排水。排污潜水泵型号：65QW37-13-3，$N=$ 3.0kW，$Q=18m^3/h$，$H=15m$，共 6 台，每处一备一用，共三处。

6. 自动喷水灭火系统

本工程的火灾危险等级按中危险级I级设计，作用面积 $160m^2$，喷水强度 $6.0L/(min·m^2)$。喷头工作压力大于 1.0MPa，实际灭火用水量为25L/s。自动喷水灭火系统设有自动巡检功能，自动喷水灭火系统自动喷洒增压稳压设备 ZW(L)-I-Z-10 一套，配用水泵 KDP40/110-0.75/2，$N=0.75kW$，$Q=1L/s$，$H=18m$ 共两台，一备一用。

报警阀1控制本楼的一1～3层，报警阀2控制 4～12层，喷洒系统超压部分设置减压孔板减压。喷洒时由湿式报警阀直接控制喷洒水泵启动，并和水流指示器报警至消防值班室。

自动喷水灭火系统共设两个 ZSS150 型湿式报警阀组，每个湿式报警阀组控制的喷头数少于 800 只，报警阀前后设有型号闸阀。分层分区设有水流指示器，水流指示器型号 ZSJZ，水流指示器前设有型号闸阀。每区系统喷水干管最顶端设有自动排气阀，自动排气阀前设有相应规格的铜截止阀一只。每个报警阀组控制的最不利点喷头处设有末端试水装置，其他防火分区，楼层的最不利点喷头处，均设 DN25 试验放水阀和压力表，主干管底部设有排污阀。为保证消防用水的可靠性，主要阀门采用型号控制阀，显示各阀门开启状态。所有报警阀信号与消防控制中心联控。报警阀前的水源接屋顶水箱出水管及两座室外消防水泵结合器和自动喷水灭火系统加压泵。报警阀及其配件安装参照国标 04S206。

当吊顶内高度超过 800mm，且其内有可燃物时，吊顶内应增设直立型喷头。设有吊顶的喷头采用吊顶型喷头，地下室无吊顶场所采用直立型喷头，宽度大于 1200mm 的矩形风管、排管、桥架下增设下垂型喷头，喷头溅水盘与楼板、屋面板的距离为 100mm。当保护空间的使用功能调整或进行二次装修时，应对原设喷头位置进行调整，喷头与风管、灯具的距离应大于 500mm。除厨房喷头动作温度采用 93℃外，其他喷头动作温度均采用 68℃。消防水箱（消火栓系统也使用该消防水箱）设于屋顶水箱间。

系统设置 SQX100 型地下式喷洒水泵接合器两组。

7. 水喷雾灭火系统

本工程柴油发电机房及小型储油间采用水喷雾灭火系统保护，喷雾强度 $20L/(min \cdot m^2)$，响应时间小于 45s，持续工作时间 0.5h。系统设一个雨淋组阀，雨淋组阀的水源接屋顶水箱，出水管及室外两座消防水泵结合器和水喷雾灭火系统加压泵。雨淋阀为 ZSFY100 型，其电磁阀入口处带有过滤器，安装详见国标 04S206。水喷雾喷头采用 ZSTWB-63-120 型，喷头工作压力均大于 0.35MPa。

为保证消防用水的可靠性，水喷雾灭火系统加压泵的吸水管、出水管及雨淋阀前后阀门采用信号控制阀，所有信号与消防控制中心联控。雨淋阀设有手动、自动控制和应急操作，采用电磁阀自控，水喷雾灭火系统加压泵设有自动巡检功能。

8. 气体灭火系统

电梯机房设有柜式气体灭火装置（七氟丙烷），型号 JR-70/54。

9. 消防管材、阀门、防腐处理及管道敷设

三层以下室内消火栓系统及自动喷水灭火系统主干管采用加厚内外壁热镀锌钢管（$P=1.6MPa$）及配件。其余消防管采用内外壁热镀锌钢管及配件，管径＜100mm，采用螺纹连接；管径≥100mm，采用沟槽式卡箍连接。泵房管道采用内外衬塑钢管，法兰连接，支、吊架安装后先除锈，红丹打底，再刷色漆两道，消防管刷红色漆两道。地下室穿出外墙埋地部分刷石油沥青涂料两道，加强防腐处理。

消防立管及水平管吊架安装详见国标 03S402，自喷管支、吊架安装位置不应妨碍喷水效果，与喷头之间的距离不宜小于 300mm，与末端喷头之间的距离不宜大于 750mm，设有检修阀位置的吊顶处应设检修孔。

阀门的选用：管径＜DN50，采用铜质截止阀；管径≥DN50，采用优质闸阀及蝶阀。工作压力为 1.6MPa。所有消防阀门均设有明显启闭标志。压力表测量范围应为工作压力的 2～2.5 倍。

管道穿墙体、楼板应预留孔洞，穿梁及穿外墙应设大二号套管，其间隙应采用不燃性材料填塞密实。管道穿过伸缩缝采用金属柔性接头。

消防管穿水箱壁采用Ⅲ型防水翼环，消防泵吸水管穿储水池池壁及地下室消防管穿外墙采用Ⅳ型防水套管，安装详见国标 02S404。

水泵基础采用隔振器或橡胶隔振垫，水泵进出水管采用可曲挠橡胶柔性接头或膨胀节，管道固定采用弹性支、吊架，基础隔振垫安装及惰性块钢筋混凝土配筋等详见国标 98S102。

10. 系统试压和冲洗及竣工验收

① 施工单位应对所承担的消防设备及管道等安装进行全面的调试，以符合国家有关的规定及设计的要求。

② 消防管安装完毕必须进行系统的试验和冲洗。试验压力为 1.8MPa。

③ 施工单位在竣工验收前，对消防水池（箱）、水泵流量、压力、消火栓、报警阀控制系统、阀门、开关以及联动控制系统等先进行调试运行，各项信号显示正常后方可进行验收。

④ 以上均按国家及相关部门的有关规定及验收规范，如《建筑给水排水及采暖工程施工质量验收规范》和《自动喷水灭火系统施工及验收规范》进行验收。

11. 其他

① 给水管所标注标高指管中，排水管指管内底，标高以米计。室内标高 ±0.00。

② 消防管穿人防围护结构时，其内侧均设 $P=1.6\text{MPa}$ 闸阀（防爆破及密闭用）。

③ 凡图中及本说明未列的部分，施工单位均应按照国家有关规范执行。

第三节　主要设备材料表

主要设备材料表由序号、名称、型号及规格、单位、数量、备注六个部分组成，应包含某一给水排水工程所需的主要设备和材料等有关数据。在工程图的识读中，要将建筑给水排水施工图与主要设备材料表联系起来阅读。主要设备、器具、仪表及管道附件、配件可在首页或相关图纸上列表表示，所以它可以是独立的图纸，也可以置于图中的某一位置。表 3-2 为主要设备材料表的格式。

表 3-2　主要设备材料表

序号	名　称	型号及规格	单位	数量	备　注
1	生活给水泵	$50\text{KDLD}12\text{-}12.5\times6, N=7.5\text{kW},$ $Q=9.0\text{m}^3/\text{h}, H=81\text{m}$	台	3	2 用 1 备 隔振器 JG2-2,12 个
	配套微机	KDC	套	1	
2	消火栓给水泵	$\text{XBD}10/20\text{-DL}\times5, N=37\text{kW},$ $Q=20\text{L/s}, H=100\text{m}$	台	2	1 用 1 备 隔振器 JG3-2,8 个
	消防自动循检	HSFX	套	1	
3	自动喷洒给水泵	$\text{XBD}10/25\text{-DL}\times5, N=45\text{kW},$ $Q=25\text{L/s}, H=100\text{m}$	台	2	1 用 1 备 隔振器 JG2-2,8 个
	消防自动循检	HSFX	套	1	

序号	名　称	型号及规格	单位	数量	备　注
4	消火栓增压稳压设备	ZW(L)-J-Z-10	套	1	
	配套水泵	KDL65/140-0.75/2 $N=30\text{kW}$，$Q=7.4\text{L/s}$，$H=25\text{m}$	台	2	1用1备隔振器 SD2-61-0.5，8个
5	自动喷洒增压稳压设备	ZW(L)-J-Z-10	套	1	
	配套水泵	KDL40/110-0.75/2 $N=0.75\text{kW}$，$Q=1\text{L/s}$，$H=18\text{m}$	台	2	1用1备隔振器 SD2-41-0.5，8个
6	热媒循环水泵	KDL40/90-0.37/2 $N=0.37\text{kW}$，$Q=7.4\text{m}^3/\text{h}$，$H=9\text{m}$	台	2	1用1备隔振器 SD1-41-0.5，8个
7	热水循环水泵	KDL40/110-0.75/2 $N=0.75\text{kW}$，$Q=8.0\text{m}^3/\text{h}$，$H=41\text{m}$	台	2	1用1备隔振器 SD1-41-0.5，8个
8	KQCS系列不锈钢组合水箱	$3500\times3000\times2500$，$V=26\text{m}^3$	座	1	生活调节水箱
9	装配式喷塑钢板水箱	$4100\times2100\times2600$，$V=18\text{m}^3$	座	1	屋顶消防水箱
10	地下室排水泵 PW1	50QW18-15-1.5，$N=1.5\text{kW}$，$Q=18\text{m}^3/\text{h}$，$H=15\text{m}$	台	6	每处1用1备，共三处
11	消防电梯排水泵 PW2	65QW37-13-3，$N=3.0\text{kW}$，$Q=40\text{m}^3/\text{h}$，$H=15\text{m}$	台	2	1用1备
12	电加热机组	CLDRO.180	台	2	
13	立式容积式浮动盘管换热器	THPL-2-7，$V=2.0\text{m}^3$，$F=7.0\text{m}^2$	台	2	
14	隔膜式膨胀罐	ZGD1-02，$V=1.7\text{m}^3$	个	1	
15	水垢净化器	SYS-80C1.0HG/C，$DN80$	套	1	
		SYS-50C1.0HG/C，$DN50$	套	1	
16	液位显示仪	TCYW	套	4	生活、消防各两套
17	湿式报警阀组	ZSS，$DN150$	套	2	
18	雨淋报警阀组	ZSFY，$DN100$	套	1	
19	遥控浮球阀	$DN50$	个	1	消防水箱
		$DN100$	个	3	消防水箱2个，生活水箱1个
20	多功能水泵控制阀	$DN50$	台	3	生活水泵
		$DN100$	台	4	消防水泵
21	定压泄压阀	$DN100$	个	2	消火栓、洒水各1个
22	水泵接合器	SQX100-A	组	4	消火栓、洒水各2个
23	水流指示器	ZSJZ-1-1-150	个	1	
		ZSJZ-1-1-80	个	14	

第一节 主 要 内 容

建筑给水排水总平面图所表达的是建筑给水排水施工图中的室外部分的内容。大致包括以下几个方面的内容：①生活（生产）给水室外部分的内容；②消防给水室外部分的内容；③污水排水室外部分的内容；④雨水排水管道和构筑物布置等；⑤热水供应系统室外部分的内容。

对于简单工程，一般把生活（生产）给水、消防给水、污水排水和雨水排水绘在一张图上，便于使用；对较复杂工程，可以把生活（生产）给水、消防给水、污水排水和雨水排水按功能或需要分开绘制，但各种管道之间的相互关系需要非常明确。一般情况下，建筑给水排水总平面图需要单独写设计总说明（简单工程可以与单体设计总说明合并），在识图时应对照图纸仔细阅读。

一、建筑总平面图应保留的基本内容

建筑给水排水总平面图是以建筑总平面图为基础的，建筑总平面图应保留的基本内容包括：各建筑物的外形、名称、位置、层数、标高和地面控制点标高、指北针（或风向玫瑰图）。

二、建筑给水排水总平面图应表达的基本内容

在建筑给水排水总平面图中既要画出建设区内的给水排水管道与构筑物，又要画出区外毗邻的市政给水排水管道与构筑物。建筑给水排水总平面图应表达的基本内容包括以下几个方面。

(1) 给水排水构筑物 在建筑给水排水总平面图上应明确标出给水排水构筑物的平面位置及尺寸。给水系统的主要构筑物主要有：水表井（包括旁通管、倒流防止器等）、阀门井、室外消火栓、水池（生活、生产、消防水池等）、水泵房（生活、生产、消防水泵房等）等。排水系统的主要构筑物主要有：出户井、检查井、化粪池、隔油池、降温池、中水处理站等，在图中标出各构筑物的型号以及引用详图。

(2) 生活（生产）和消防给水系统 在建筑给水排水总平面图上应明确标出生活（生产）和消防管道的平面位置、管径、敷设的标高（或埋设深度）、阀门设置位置，室外消火

栓（包括市政已经设置室外消火栓）、消防水泵接合器、消防水池取水口布置。

（3）雨水和污水排水系统　在建筑给水排水总平面图上应明确标出雨水、污水排水干管管径和长度，水流坡向和坡度，雨水、污水检查井井底标高与室外地面标高，雨水、污水管排入市政雨水、污水管处接合井的管径、标高。

（4）热水供应水系统　在建筑给水排水总平面图上应明确标出热源（锅炉、换热器等）位置或来源，建设区内热水管道的平面位置、管径、敷设的标高、阀门设置位置等。

在建筑给水排水总平面图上要明确标出各种管道平面与竖向间距，化粪池及污水处理装置等与地埋式生活饮用水水池之间距离，对于距离不满足要求的，应交代所采取的有效措施。

第二节　实例及其识读

一、建筑给水排水总平面图实例

图 4-1 为建设区建筑给水排水工程总平面图。图中给出了拟建建筑物所在建设区中的平面位置，建筑物的外形、名称、层数、标高和地面控制点标高、风向玫瑰图等基本要素。图 4-1 给出了建设区内给水管道、排水管道、雨水管道以及室外消火栓和化粪池的布置情况。

从图 4-1 中可以看出：生活给水管道接自市政给水管道，分别由东侧和西侧接入；在室外生活给水系统和消防给水系统合用一个系统，管道布置成环状；生活污水与雨水采用分流制排放，生活污水排入化粪池经简单处理后再排入城市排水管道；雨水直接排入城市雨水管道，雨水管管径 $DN200$，坡度 $i=0.001$；地下室顶板结构层标高为 $-0.900\mathrm{m}$，室外顶板覆土高度为 $900\mathrm{mm}$；生活给水管与消防给水管覆土高度为 $1400\mathrm{mm}$。

为了更清楚地识读建筑给水排水总平面图，下面将建筑给水排水总平面图分为生活与消防给水总平面图（图 4-2）和雨水与污水排水总平面图（图 4-3）来仔细识读。

二、生活与消防给水总平面图识读

图 4-2 为生活与消防给水总平面图。

标注"J"的管道为生活给水管道，生活给水管道分别在建筑物的东西两侧与市政给水管道（市政自来水管）相连接。生活给水管道经水表后沿本建筑物地下室外侧形成环状布置，环状管管径为 $DN200$。生活给水管道从建筑物的南侧进入建筑物，接到生活水箱，进水管设有倒流防止器。然后由设在地下室泵房内的三套室内整体式生活供水设备（设备内含有倒流防止器）向建筑物内供水。

从图 4-2 可以看出，消防给水管道在建筑物外与给水管道共用相同管路，给水管道经水表后沿本大楼地下室外侧形成环状布置，环状管管径为 $DN200$，并在建筑物的西南侧接入地下室消防水池。在建设区内的东侧、西侧和南侧分别设一座型号为 SS100/65-1.0 的地上式室外消火栓，共三座。

地下室顶板结构层标高为 $-0.90\mathrm{m}$，室外顶板覆土高度为 $900\mathrm{mm}$；生活给水管与消防给水管覆土高度为 $1400\mathrm{mm}$。

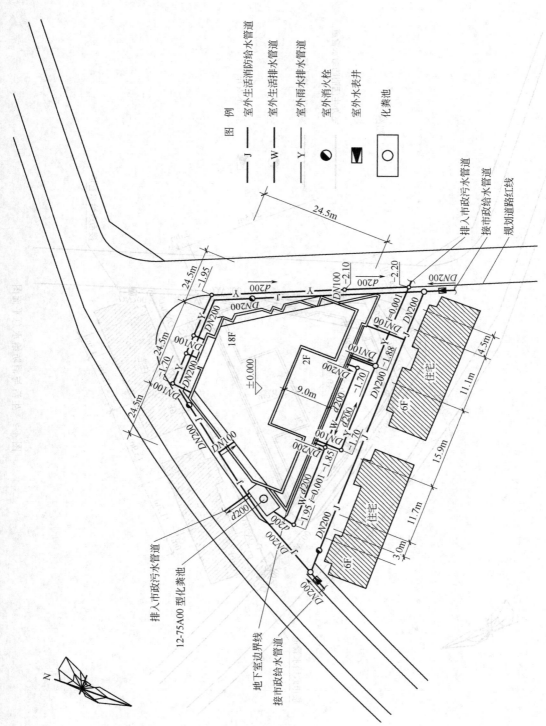

图 4-1 建筑给水排水总平面图

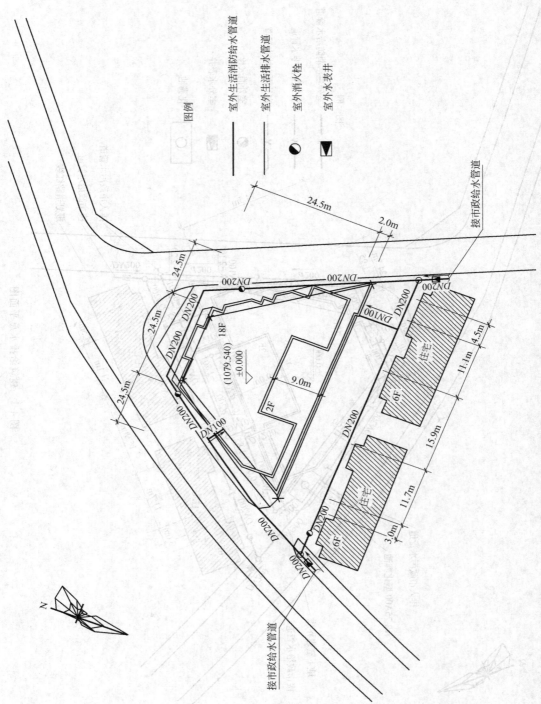

图 4-2　生活与消防给水总平面图

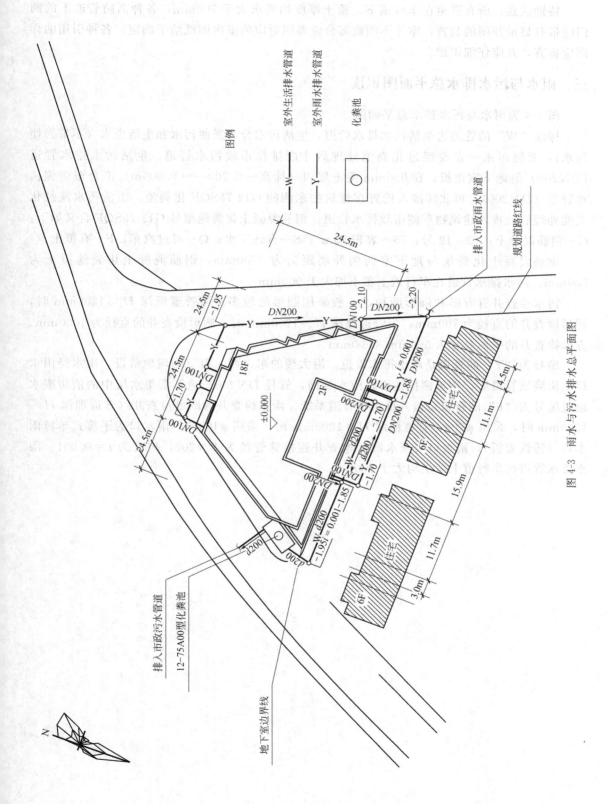

图 4-3 雨水与污水排水总平面图

特别注意：所有管道在车行道下，覆土厚度均要求大于700mm；各种消防管道上的阀门应带有显示开闭的装置；室外不明确部分应参照对应的室内图纸给予确定；各种引用的详图应备齐，并应仔细识读。

三、雨水与污水排水总平面图识读

图 4-3 为雨水与污水排水总平面图。

标注"W"的管道为生活污水排水管道，生活污水分为粪便污水和生活废水（不带粪便污水），粪便污水一定要经过化粪池处理后才能排往市政污水管道。生活污水排水管道（$DN200$）沿地下室顶板，在900mm覆土层内（标高$-0.700\sim-0.900$m）汇合至南侧污水管道（$DN200$），再北转接入设置在建筑物东侧的 G12-75SQF 化粪池。生活污水流经化粪池处理后，排入建筑物东侧市政排水管道。钢筋混凝土化粪池型号 G12-75SQF 含义如下：G—钢筋混凝土；12—12 号；75—容积 75m^3；S—有地下水；Q—可过汽车；F—有覆土。

钢筋混凝土化粪池与地下室西侧外墙距离为 1700mm，钢筋混凝土化粪池覆土为900mm。污水排水管道在车行道上覆土均大于900mm。

污水检查井有方形和圆形两种，一般采用圆形的较多。当管道埋深 $H\leqslant1200$mm 时，圆形检查井的直径为 700mm；当管道埋深 $H>1200$mm 时，圆形检查井的直径为 1000mm。方形检查井的平面尺寸为 500mm×500mm。

编号为"Y"的管道是雨水排水管道。沿大楼的东、西、南三侧埋地敷设，雨水经雨水口汇流到该管道后，在东侧排往市政雨水管网，管径 $DN200$。地下室集水坑中的消防废水通过编号为"F"的管道也接入该雨水管道系统。雨水检查井为圆形检查井（管道埋深 $H\leqslant$ 1200mm 时，采用 $\phi700$；管道埋深 $H>1200$mm 时，采用 $\phi1000$）。雨水口为平算式单算雨水口（铸铁盖板），雨水口与雨水圆形检查井连接管管径为 $DN200$，坡度为 $i=0.001$。雨水排水管道在车行道上覆土均大于 900mm。

第五章　建筑给水排水工程平面图的识读

第一节　建筑给水排水工程平面图的主要内容

建筑给水排水工程平面图是在建筑平面图的基础上，根据给水排水工程图制图的规定绘制出的用于反映给水排水设备、管线的平面布置状况的图样，是建筑给水排水工程施工图的重要组成部分，是绘制和识读其他建筑给水排水工程施工图的基础。

建筑给水排水工程平面图一般包括：①地下室给水排水工程平面图；②一层（底层）给水排水工程平面图；③中间层（标准层）给水排水工程平面图；④屋面层（屋顶层）给水排水工程平面图；⑤卫生间、管道井等给水排水工程平面布置详图。

一、建筑给水排水工程平面图的形成

建筑给水排水工程平面图是用假想水平面，沿房屋窗台以上适当位置水平剖切并向下投影（只投影到下一层假想面，对于低层平面图应投影到室外地面以下管道，而对于屋面层平面图则投影到屋顶顶面）而得到的剖切投影图。这种剖切后的投影不仅反映了建筑中的墙、柱、门窗洞口等内容，同时也能反映卫生设备、管道等内容。绘制建筑给水排水工程平面图时应注意以下几点：

① 管线、设备用较粗的图线，建筑的平面轮廓线用细实线；

② 设备、管道等均用图例的形式示意其平面位置，但要标注出给水排水设备、管道等的规格、型号、代号等内容；

③ 底层给水排水工程平面图应该反映与之相关的室外给水排水设施的情况；

④ 屋面层给水排水工程平面图应该反映屋面水箱、水管等内容。

对于简单工程，由于平面中与给水排水有关的管道、设备较少，一般把各楼层各种给水排水管道、设备等绘制在同一张图纸中；对于高层建筑及其他复杂工程，由于平面中与给水排水有关的管道、设备较多，在同一张图纸中表达有困难或不清楚时，可以根据需要和功能要求分别绘出各种类型的给水排水管道、设备平面等，如可以分层绘制生活给水平面图、生产给水平面图、消防喷淋给水平面图、污水排水平面图、雨水排水平面图。建筑给水排水工程平面图无论各种管道是否绘制在一个图纸上，各种管道之间的相互关系都要表达清楚。

二、建筑平面图应保留的基本内容

建筑给水排水工程平面图是在建筑平面图的基础上绘制的，建筑平面图中应保留如下内容：

① 房屋建筑的平面形式，各层主要轴线编号、房间名称、用水点位置及图例等基本内容，各楼层建筑平面标高及比例等；

② 各层平面图中各部分的使用功能和设施布置、防火分区（防火门、防火卷帘）与人防分区划分情况等；

③ 消防给水设计有关的场所规模（面积或体积、人员与座位数、汽车库停车数、图书馆藏书量等）参数。

三、建筑给水排水工程平面图主要反映的内容

建筑给水排水工程平面图主要反映的内容如下：

① 给水排水、消防给水管道走向与平面布置，管材的名称、规格、型号、尺寸，管道支架的平面位置；

② 卫生器具、给水排水设备的平面位置，引用大样图的索引号，立管位置及编号，通过平面图，可以知道卫生器具、立管等前后、左右关系，相距尺寸；

③ 管道的敷设方式、连接方式、坡度及坡向；

④ 管道剖面图的剖切符号、投影方向；

⑤ 底层平面应有引入管、排出管、水泵接合器等，以及建筑物的定位尺寸、穿建筑外墙管道的标高、防水套管形式等，还应有指北针；

⑥ 消防水池、消防水箱位置与技术参数，消防水泵、消防气压罐位置、形式、规格与技术参数，消防电梯集水坑、排污泵位置与技术参数；

⑦ 自动喷水灭火系统中的喷头形式与布置尺寸、水力警铃位置等；

⑧ 当有屋顶水箱时，屋顶给水排水平面图应反映出水箱容量、平面位置、进出水箱的各种管道的平面位置、管道支架、保温等内容；

⑨ 对于给水排水设备及管道较多的复杂场所，如水泵房、水池、水箱间、热交换器站、饮水间、卫生间、水处理间、报警阀门、气体消防贮瓶间等，当平面图不能交代清楚时，应有局部放大平面图。

图 5-1 所示为某住宅地下室给排水平面图。从图中可以看出，左下角为指北针，地下室标高为－2.200m，地下室无用水设备，该住宅楼为 3 个单元，每单元设给水引入管一根，进到楼梯间后分两路分别进入两侧集中表箱；由左侧集中表箱引出两组立管管束向楼上供水。供有 11 个排水系统，分别用 P1～P11 表示。另外，每户卫生间和厨房各设 1 根排水立管，用 PLn 表示。

另外，在建筑给水排水工程平面图中应明确建筑物内的生活饮用水池、水箱的独立结构形式；明确需要防止回流污染的设备和场所的污染防护措施；明确有噪声控制要求的水泵房与给水排水设备的隔振减噪措施；明确管道防水、防潮措施；明确水箱溢流管防污网罩、通气管、水位显示装置等；明确公共厨房与餐厅等处理含油废水的隔油池（器）布置情况；明确学校化学实验室、垃圾间、医院建筑、档案馆（室）和图书馆等对给水排水技术的特别要求。

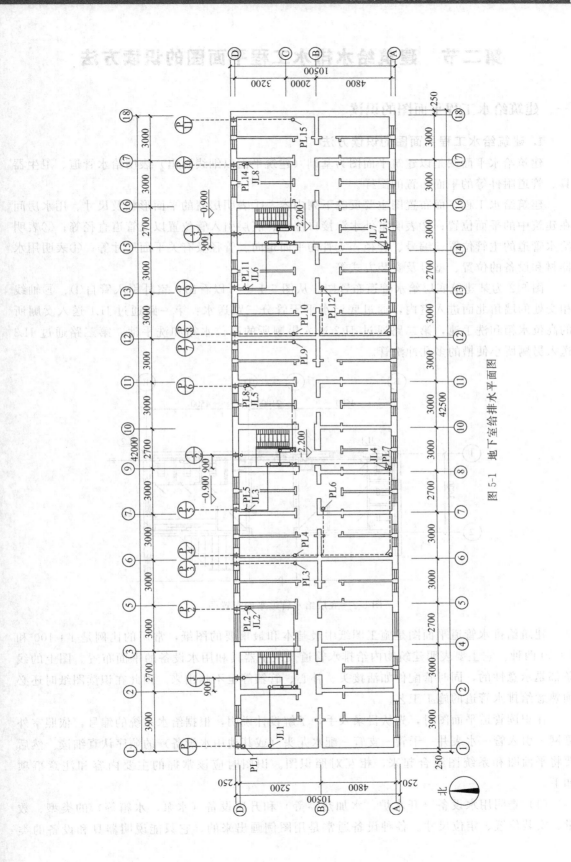

图 5-1　地下室给排水平面图

第二节　建筑给水排水工程平面图的识读方法

一、建筑给水工程平面图的识读

1. 建筑给水工程平面图的识读方法

建筑给水平面图是以建筑平面图为基础（建筑平面以细线画出）表明给水管道、卫生器具、管道附件等的平面布置的图样。

建筑给水工程平面布置图主要反映下列内容：①表明房屋的平面形状及尺寸、用水房间在建筑中的平面位置；②表明室外水源接口位置、底层引入管位置以及管道直径等；③表明给水管道的主管位置、编号、管径，支管的平面走向、管径及有关平面尺寸等；④表明用水器材和设备的位置、型号及安装方式等。

图 5-2 为某建筑底层给水管道布置图。从图 5-1 中可以看出，室外引入管自①、Ⓔ轴线相交处的墙角北面进入室内，通过底层水平干管分三路送水：第一路通过 JL1 送入女厕所的高位水箱和洗手池，第二路通过 JL2 送入男厕所的高位水箱和洗手池，第三路通过 JL3 送入男厕所小便槽的多孔冲洗管。

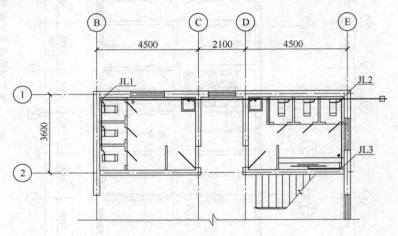

图 5-2　底层给水管道平面布置图

建筑给排水管道平面图是施工图纸中最基本和最重要的图纸，常用的比例是 1：100 和 1：50 两种。它主要表明建筑物内给排水管道及卫生器具和用水设备的平面布置。图上的线条都是示意性的，同时管配件如活接头、补心、管箍等也不画出来。因此在识读图纸时还必须熟悉给排水管道的施工工艺。

在识读管道平面图时，先从目录入手，了解设计说明，根据给水系统的编号，依照室外管网—引入管—水表井—干管—支管—配水龙头（或其他用水设备）的顺序认真细读。然后要将平面图和系统图结合起来，相互对照识图。识图时应该掌握的主要内容和注意事项如下。

（1）查明用水设备（开水炉、水加热器等）和升压设备（水泵、水箱等）的类型、数量、安装位置、定位尺寸。各种设备通常是用图例画出来的，它只能说明器具和设备的类型，而不能具体表示各部分的尺寸及构造，因此在识图时必须结合有关详图或技术资料，搞清楚这些器具和设备的构造、接管方式和尺寸。

（2）弄清给水引入管的平面位置、走向、定位尺寸，与室外给水管网的连接形式、管径等。

给水引入管通常都注上系统编号，编号和管道种类分别写在直径约为 8~10mm 的圆圈内，圆圈内过圆心画一水平线，线上面标注管道种类，如给水系统写"给"或写汉语拼音字母"J"，线下面标注编号，用阿拉伯数字书写，如 $\frac{J}{1}$、$\frac{J}{2}$ 等。

给水引入管上一般都装有阀门，阀门若设在室外阀门井内，在平面图上就能完整地表示出来。这时，可查明阀门的型号及距建筑物的距离。

（3）消防给水管道要查明消火栓的布置、口径大小及消防箱的形式与位置，火栓一般装在消防箱内，但也可以装在消防箱外面。当装在消防箱外面时，消火栓应靠近消防箱安装。消防箱底距地面 1.10m，有明装、暗装和单门、双门之分，识图时都要注意搞清楚。

除了普通消防系统外，在物资仓库、厂房和公共建筑等重要部位，往往设有自动喷洒灭火系统或水幕灭火系统，如果遇到这类系统，除了弄清管路布置、管径、连接方法外，还要查明喷头及其他设备的型号、构造和安装要求。

（4）在给水管道上设置水表时，必须查明水表的型号、安装位置，以及水表前后阀门的设挡情况。

识图时，先从目录入手，了解设计说明，根据给水系统的编号，依照室外管网—引入管—水表井—干管—支管—配水龙头（或其他用水设备）的顺序认真细读。然后要将平面图和系统图结合起来，相互对照识图。

2. 建筑给水工程平面图的识读实例

图 5-3~图 5-6 分别为某 6 层住宅底层给排水平面图、标准层给排水平面图、屋顶给排水平面图和给水系统图。

从图 5-3 中可以看出给水的相关内容为，室外给水管为 $DN70$ 镀锌管，分两路引入，左边 $DN50$ 引入管经水表井后分开三支，分别送到左边户 JL1（1~3 层）、中间户 JL2（1~3 层）和右边户 JL4（1~3 层）。右边 $DN50$ 引入管经水表井，送到位于楼梯一侧的 JL3。由图 5-4~图 5-6 可知，水经 JL3 送到屋面水箱后，再由水箱分别供给左边户 JL'1（4~6 层）、中间户 JL'2（4~6 层）和右边户 JL'4（4~6 层）。户内供水情况以左边户为例加以说明。左边户用水由立管 JL1（JL'1）接出 $DN25$ 支管，经截止阀、水表，首先供给龙头，再给蹲便器供水，再拐弯穿墙，供给洗涤池水龙头。有关管径及标高在图中已注明。就屋顶给水平面而言，从图 5-5 和图 5-6 可见，水经 JL3，送到屋面水箱内（端部设有两个浮球阀），水箱放空和溢流连成一体排出，从水箱底接出供水主管，分别供给 JL'1、JL'2 和 JL'4。

二、建筑排水工程平面图的识读

1. 建筑排水工程平面图的识读方法

建筑排水施工图主要包括排水平面图、排水系统图、节点详图及说明等。

对于内容简单的建筑，其给水排水可以画在相同的建筑平面图上（见图 5-4），可用不同线条、符号、图例表示两者有别。

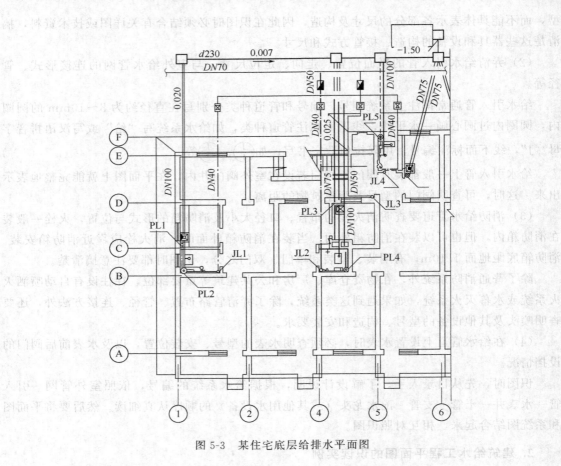

图 5-3 某住宅底层给排水平面图

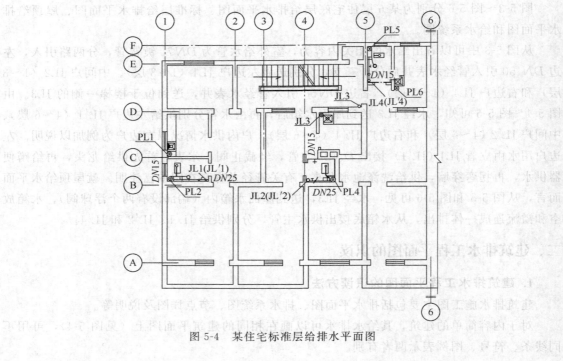

图 5-4 某住宅标准层给排水平面图

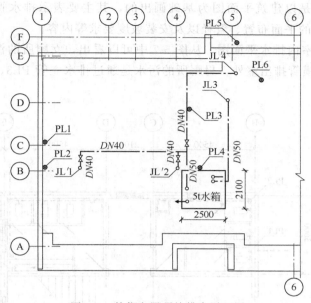

图 5-5　某住宅屋顶给排水平面图

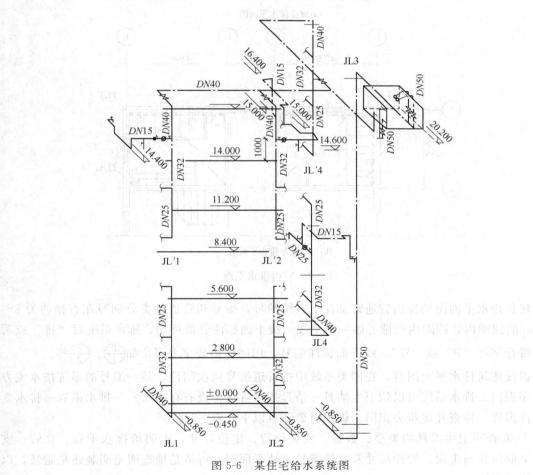

图 5-6　某住宅给水系统图

建筑排水平面图是以建筑平面图为基础画出的，其主要表示排水管道、排水管材、器材、地漏、卫生洁具的平面布置、管径以及安装坡度要求等内容。

图 5-7 为某建筑室内排水平面图。从图 5-7 中可以看出，女厕所的污水是通过排水立管 PL1、PL2 以及排水横管排出室外，男厕所的污水是通过排水立管 PL3、PL4 以及排水横管排出室外。

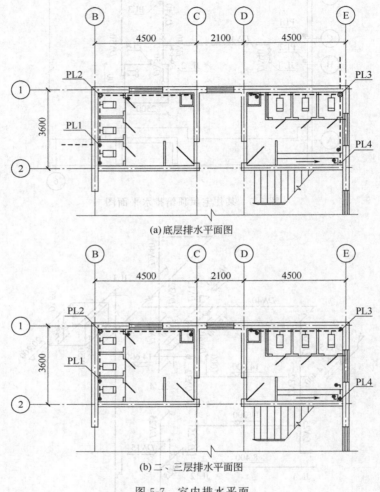

(a)底层排水平面图

(b)二、三层排水平面图

图 5-7　室内排水平面

建筑排水平面图的排出管通常都注上系统编号，编号和管道种类分别写在直径约为 8～10mm 的圆圈内，圆圈内过圆心画一水平线，线上面标注管道种类，排水系统写"排"或写汉语拼音字母"P"或"W"；线下面标注编号，用阿拉伯数字书写，如 $\frac{P}{1}$、$\frac{P}{2}$ 等。

识读建筑排水平面图时，在同类系统中按管道编号依次阅读，某一编号的系统按水流方向顺序识图。排水系统可以依卫生洁具—洁具排水管（常设有存水弯）—排水横管—排水立管—排出管—检查并逐步去识图。识图时要注意以下几点。

① 要查明卫生器具的类型、数量、安装位置、定位尺寸，查明给排水干管、立管、支管的平面位置与走向、管径尺寸及立管编号。从平面图上可清楚地查明是明装还是暗装，以确定施工方法。

② 有时为便于清扫,在适当的位置设有清扫口的弯头和三通,在识图时也要加以考虑。对于大型厂房,特别要注意是否有检查井,检查井进出管的连接方式也要搞清楚。

③ 对于雨水管道,要查明雨水斗的型号及布置情况,并结合详图搞清雨水斗与天沟的连接方式。

④ 室内排出管与室外排水总管的连接,是通过检查井来实现的,要了解排出管的长度,即外墙至检查井的距离。排出管在检查井内通常采用管顶平接。

⑤ 对于建筑排水管道,还要查明清通设备的布置情况,清扫口和检查口的型号和位置。

2. 建筑给水工程平面图的识读实例

图 5-8 为某三层办公楼给排水平面图,办公楼的三层中均在卫生间设有给排水设施。

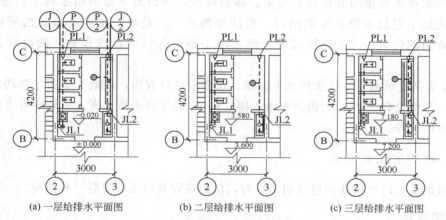

(a) 一层给排水平面图　　(b) 二层给排水平面图　　(c) 三层给排水平面图

图 5-8　某三层办公楼给排水平面图

从图 5-8 可以看出,一层排出管位置从左右上角处通向室外,并在卫生间内设通向二层的排水立管。卫生间分前后室,前室设有一个盥洗槽和一个污水池,内室有三个蹲式大便器和小便池,左边排水横管连接大便器和污水池,右边排水横管连接小便池和盥洗槽。看二层平面图,二层与一层的区别是未表示出排出管,而且二层卫生间前室没有设小便池,可知应该是女厕,其他均同一层平面图。三层与一层的区别是未表示出排出管,其他均同一层平面图。由图还可看到,一层卫生间地面标高为 -0.020m,二层标高为 3.580m,三层标高为 7.180m。从管道标号可知,给水引入管有 $\frac{J}{1}$、$\frac{J}{2}$,给水立管有 JL1、JL2;排水排出管有 $\frac{P}{1}$、$\frac{P}{2}$,立管有 PL1、PL2。

第三节　建筑给水排水工程平面图工程实例的识读

本节将结合某高层住宅建筑的给水排水施工图说明如何识读建筑给水排水施工图。该住宅建筑地上 18 层,地下 1 层。地下室的主要功能是设备用房;1 层主要功能是接待大厅、设备用房和管理用房等;2 层主要功能是管理用房和办公用房;3～18 层为住宅。

生活给水采用分区供水,分区形式为:11 层以下为低区,12 层以上为高区,采用变频调速供水方式,高低区共用一个系统,低区采用减压阀减压。

　　生活污水与雨水分别排放，生活污水排放到污水管道中，汇集至化粪池，经处理后，排放到市政排水管道，生活污水管在屋顶设有通气立管；屋面雨水采用水落管外排水的方式，汇集到雨水管道后排至市政雨水管道。

　　消防系统设有消火栓系统和自动喷水灭火系统，屋顶设有消防水箱一个，地下室设有消防水池一座。消火栓系统和自动喷水灭火系统在建筑物底层均与室外的消防水泵接合器连接。

一、地下室给水排水工程平面图的识读

　　地下室是给水排水管道、给水排水设备以及电气设备、暖通设备等较集中的地方，在地下室给水排水管道与其他设备交叉、碰撞较多，进出地下室的给水排水管道也较多。因此，识读地下室给水排水平面图时，要注意两点：一是地下室各种设备的平面位置及给水排水管道的位置；二是钢筋混凝土剪力墙上预留孔洞（预埋套管）的数量、位置及标高。

　　图 5-9 为某建筑地下室给水排水平面图。从图中可以看出，该地下室的主要功能是地下设备用房，其中设有 $394m^3$ 的消防水池 1 座，$45m^3$ 的生活水箱 1 座，另外还有水泵房、配电房、发电机房等。

（一）地下室预留孔洞

　　该建筑地下室的预留孔洞包括侧墙穿管，顶板穿管和内部连接管三种情况。

1. 侧墙穿管

　　从图 5-9 可以看出，南侧①~㉔轴间共 8 根进出水管。编号为"J"的 1 根管道是生活水箱进水管（DN 100）；在⑧~⑩轴和⑱~㉒轴间，分别有 1 根编号为"X"的管道，该管道是消防系统与室外消防水泵接合器（两个）的连接管（DN 150）；设置于⑦~⑧轴间编号为"F"的管道是水泵房集水井排污潜水泵的出水管（DN 100），设置于⑱~㉒轴间的两根"F"的管道是生活废水排放管；在⑧~⑩轴间，有 1 根编号为"ZP"的管道是自动喷淋灭火系统与室外消防水泵接合器（两个）的连接管（DN 150）；在⑦~⑧轴和⑱~㉒轴间，分别有 1 根编号为"W"的生活污水排水管（DN 200）。

　　北侧⑧~⑫轴间有 3 根编号为"F"的管道（DN 100）。

　　西侧Ⓝ~Ⓚ轴间有 1 根编号为"X"的管道（DN 100），有 1 根编号为"J"的管道（DN 100），Ⓚ~Ⓜ轴间有 1 根编号为"F"的管道（DN 75）。

　　东侧Ⓑ~Ⓜ轴间有 1 根编号为"F"的管道（DN 75）。

　　侧墙穿管的套管有刚性和柔性之分。侧墙穿管的标高应对照系统图和泵房剖面图等确定。

2. 顶板穿管

　　从图 5-9 可以看出，穿顶板的污水管有 2 根：

　　① 编号为"WL-1"位于⑦~⑧轴和Ⓐ~Ⓑ轴间的污水立管（DN 200）；

　　② 编号为"WL-2"位于⑱~㉒轴和Ⓐ~Ⓑ轴间的污水立管（DN 200）。

　　穿顶板的消防立管有 5 根：

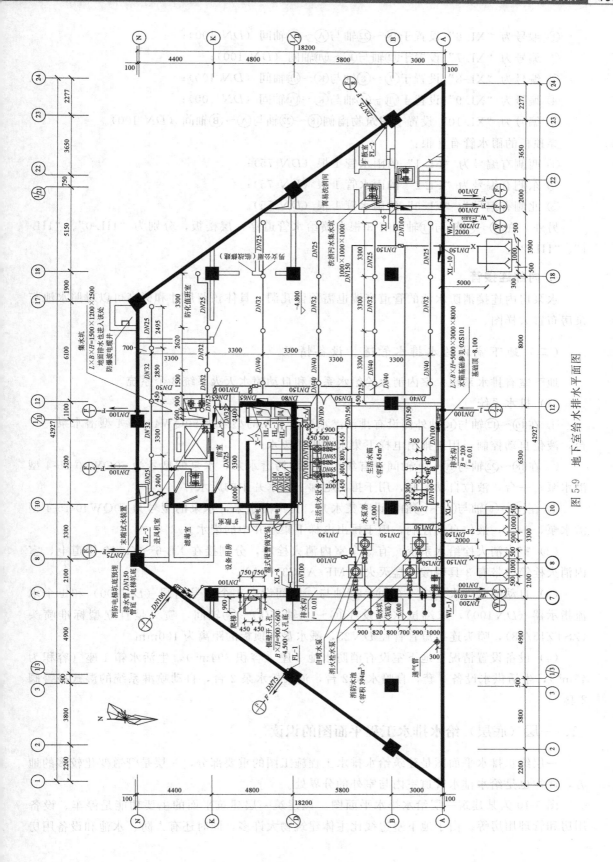

图 5-9 地下室给水排水平面图

① 编号为"XL-6"设置于⑱～㉒轴与Ⓐ～Ⓑ轴间（$DN\,100$）；

② 编号为"XL-7"设置于⑫轴与Ⓚ～Ⓜ轴间（$DN\,100$）；

③ 编号为"XL-8"设置于⑦～⑧轴与Ⓚ～Ⓜ轴间（$DN\,100$）；

④ 编号为"XL-9"设置于⑪～⑫轴与Ⓚ～Ⓜ轴间（$DN\,100$）；

⑤ 编号为"XL-10"设置于建筑物南侧⑱～㉒轴与Ⓐ～Ⓑ轴间（$DN\,100$）。

穿顶板的雨水管有 3 根：

① 西侧有编号为"FL-1"的雨水管 1 根（$DN\,75$）；

② 东侧有编号为"FL-2"的雨水管 1 根（$DN\,75$）；

③ 北侧有编号为"FL-3"的雨水管 1 根（$DN\,75$）。

另外，在⑩～⑫轴与Ⓜ轴间有 3 根自喷给水管道穿一层楼板，分别为"HL-0"、"HL-1"、"HL-2"。

3. 内部连接管

水泵房内连接消防水池的管道穿墙也需预留孔洞，具体预留尺寸和标高可以对照水池与泵房布置大样图。

（二）地下室内给水排水管道、设备情况

地下室有排水系统、室内消火栓给水系统和自动喷水灭火系统 3 个系统。

（1）排水系统

① 在⑩～⑫轴与Ⓚ轴外侧设有排污潜水泵，水泵的型号为 50QW40-15-4 型潜水泵，一台，液位自动控制，用于排出电梯下集水井中的废水；

② 在⑱～㉒轴与Ⓐ～Ⓑ轴间设有集水井、排污潜水泵，水泵的型号为 50QW40-15-4 型潜水泵，一台，液位自动控制，用于排出电梯下集水井中的废水；

③ 在⑦～⑧轴与Ⓐ～Ⓑ轴间设有集水井、排污潜水泵，水泵的型号为 50QW40-15-4 型潜水泵，一台，液位自动控制，用于排出电梯下集水井中的废水。

（2）室内消火栓给水系统　有 5 个室内消火栓箱，分别接在 XL-6～XL-10 管道上，室内消火栓箱内带有 3 具磷酸铵盐灭火器 MF/ABC3（3A）。

（3）自动喷水灭火系统　在⑩～⑫轴与Ⓜ轴间设 1 个信号闸阀（$DN\,100$）和 1 个水流指示器（$DN\,100$），末端试水管设在⑩～⑪轴与Ⓚ～Ⓝ轴间，喷头是直立型标准喷头（ZSTZ15/68），喷头连接短管管径 $DN\,25$，溅水盘与顶板的距离为 100mm。

（4）设备设置情况　地下室设有消防水池 1 座（容积 394m³），生活水箱 1 座（容积为 45m³），生活供水设备 3 套，自喷水泵 2 台，消火栓水泵 2 台，自动喷淋系统的湿式报警阀 2 套。

二、一层（底层）给水排水工程平面图的识读

一层给水排水平面图是建筑给水排水工程施工图的重要部分，一层是管道变化较多的地方，往往也是给水排水管道室内与室外的分界处。

图 5-10 为某建筑一层给水排水平面图。该建筑一层建筑平面的主要功能是停车、设备用房和管理用房等。由于地下室边线比主体建筑物大许多，同时还有人防、水池和设备用房

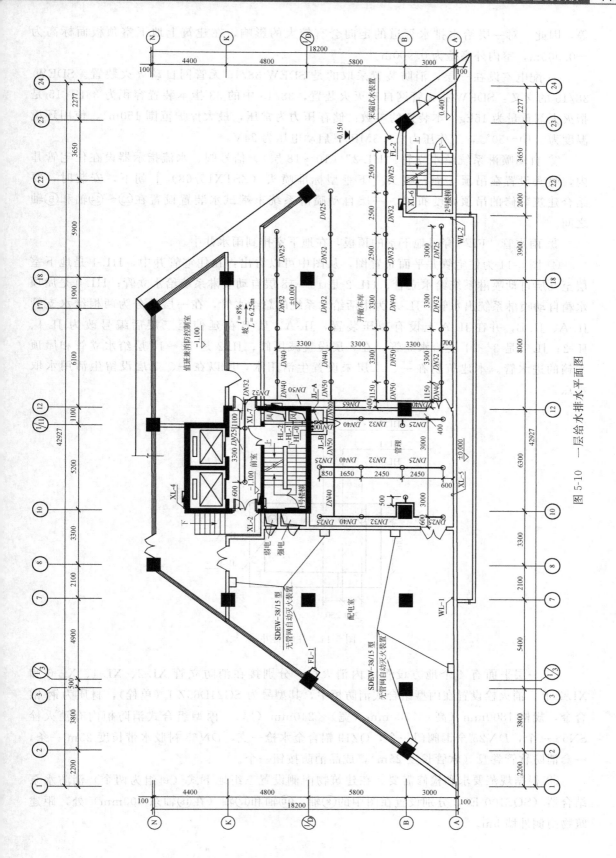

图 5-10 一层给水排水平面图

等，因此，对一层给水排水管道的走向会有较大的影响，在建筑上地下室顶板面标高为
−0.900m，室内外高差为 0.900m。

① 配电室设在一层，消防装置采取的是 SDEW-38/15 无管网自动灭火装置。SDEW-
38/15 的含义：SDEW 指无管网自动灭火装置，38/15 中的 38 指本装置容积为 38L，15 是
指灭火剂重量为 15kg。本装置的参数：储存压力为常压，最大保护范围 150m³，使用环境
温度为 −10～50℃，工作压力≤0.3MPa，启动电压为 24V。

② 自动喷淋系统给水立管 "HL-2"（10～18 层）、信号阀、水流指示器设在住宅管井
内，喷头设置在吊顶下面，喷头 [下垂型标准喷头（ZSTX15/68）] 朝下，安装时，要
结合建筑装修的吊顶高度布置。一层自动喷淋系统末端试水装置设置在 ㉓～㉔ 轴和 Ⓑ 轴
之间。

③ 雨水管 "FL" 穿过地下室的顶板，在地下室排到雨水井中。

④ 图 5-11 为住宅管井平面布置图，从图中可以看出：在住宅管井中，HL-1 是地下室
层至九层自动喷淋系统给水立管；HL-2 是 10～18 层自动喷淋系统给水立管；HL-0 是屋顶
水箱自动喷淋系统出水管；JL-A 为生活给水系统的总给水管，在一层处分为两根给水支管
JL-A、JL-B，并在 JL-A 上设有减压装置，JL-A、JL-B 在延伸至三层后编号改为 JL-1、
JL-2；JL-1 是 3～11 层给水立管，在一层设置减压阀；JL-2 是 12～18 层给水立管和屋顶
水箱的进水管。本建筑物在一、二层未设置生活用水，所以在一、二层没留生活用水取
水点。

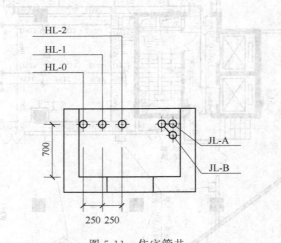

图 5-11　住宅管井

⑤ 一层平面有 4 个地方设置室内消火栓，分别接在消防立管 XL-2、XL-4、XL-6 和
XL-7 上。消火栓设置在丙型组合式消防柜中，其型号为 SG24D65Z-J（单栓），材质为钢-铝
合金，规格 1800mm（高）×700mm（宽）×240mm（厚）。丙型组合式消防柜内有消火栓
SN65 一个，DN25 全铜阀门一个，QZ19 铝合金水枪一支，DN65 衬胶水带长度 25m 一条，
一套消防软管卷盘（软管长度 25m），成品消防按钮一个。

⑥ 根据规范要求和检修需要。在建筑物南侧设置三组地下式（每组为两个）消防水泵
结合器（SQS100-E），分别设置在图中的 ⑧ 轴、⑩ 轴和 ⑱ 轴（在 ⑱ 轴东 300mm）处，距建
筑物南侧外墙 5m。

三、二层给水排水工程平面图的识读

图 5-12 为该建筑二层给水排水平面图。二层是管道变化较多的地方，给水立管和自喷给水立管在三层楼板下转为水平附设，接入住宅的管道井后再转为垂直附设。污水立管在本层汇到两根主污水立管中，自动喷水系统末端试水装置的排水管在本层也有一定的位置转换。

① 给水立管 JL-A、JL-B，在吊顶上转换到位于 ⑰～⑲轴和 Ⓙ～Ⓖ轴间的住宅管道井中后编号改为 JL-1、JL-2；自喷立管 HL-0、HL-1、HL-2 在吊顶上转换到位于 ⑰～⑲轴和 Ⓙ～Ⓖ轴间的住宅管道井中后编号改为 HL-0′、HL-1′、HL-2′。

② 消防给水在本层的水平干管敷设在吊顶上，并设有蝶阀。XL-1、XL-2、XL-3 作为住宅部分的消防给水管分别设置在 ⑦轴和 Ⓚ轴处，⑩轴和 Ⓗ轴处，⑮轴和 Ⓚ 轴处。

③ 住宅中的污水立管在本层分别通过位于吊顶上的水平干管连接到两根主污水立管 WL-1、WL-2 上，在水平干管的端处设置检查口，水平干管上设置清扫口。

四、中间层（标准层）给水排水工程平面图的识读

中间层（标准层）是指楼层中的若干层，其给水排水平面布置相同，可以用任何一层的平面图来表示。因此，中间层（标准层）平面图并不仅仅反映某一层楼的平面式样，而是若干相同平面布置的楼层给水排水平面图。从根本上讲，标准层只是给水排水平面布置相同，也可能彼此之间有些细小的差别，如标高、立管管径、管件位置等有可能不同。所有这些差异，需要在给水排水平面图上或者其他诸如给水排水系统图中加以标注。虽然中间层（标准层）给水排水平面图所涉及的楼层数较多，需要安装的卫生设备、用水点较多，但相对地下室、一层给水排水平面图而言还是较为简单、直观。

下面结合某建筑中间层（标准层）给水排水平面图，介绍中间层（标准层）给水排水平面图的识读。本工程图中间层为 3～18 层，三层主体部分的内容（户型、厨房和卫生间等布置）与上部完全一样，但三层的平面图中含有二层顶的平面图部分，因此，三层单独绘制给水排水平面图。

（一）三层给水排水平面图

图 5-13 为该建筑三层给水排水平面图。从其建筑平面上可以看出：本层共有 6 套单元式公寓；每套公寓均设有一个卫生间、封闭式厨房、阳台、空调室外机放置的位置；强电间和弱电间配有手提式灭火器；另外空调室外机放置的位置设有排水地漏。

图 5-14 为该建筑三层消防给水平面图。从其建筑平面上可以看出：本层设有 3 个室内消火栓箱（SG24D65Z-J），室内消火栓箱内带 2 具 MF/ABC3（3A）型磷酸铵盐灭火器，强电间和弱电间配有手提式灭火器。自动喷水灭火系统在走道和电梯间内设有 8 只标准下垂型喷头，型号为 ZSTX15/68，安装高度需要配合建筑装修吊顶进行。自动喷水灭火系统末端设有一个试验与放空用的 $DN25$ 全铜截止阀（在 ⑥轴与 Ⓗ～Ⓕ轴处）。

1. 主要设备部件布置

图 5-13 是三层给水排水平面图，从图中可以看出三层给水排水主要设备部件布置情况。

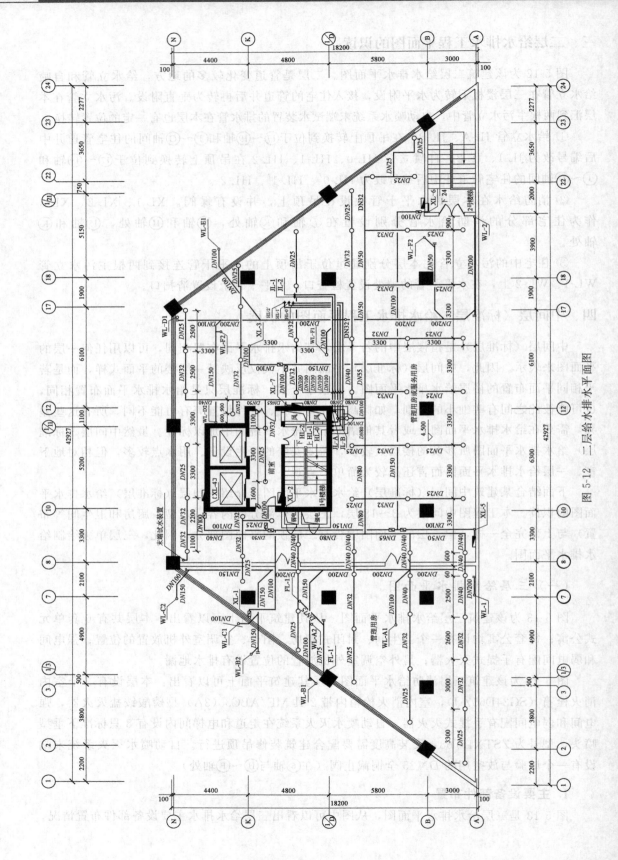

图 5-12　三层给水排水平面图

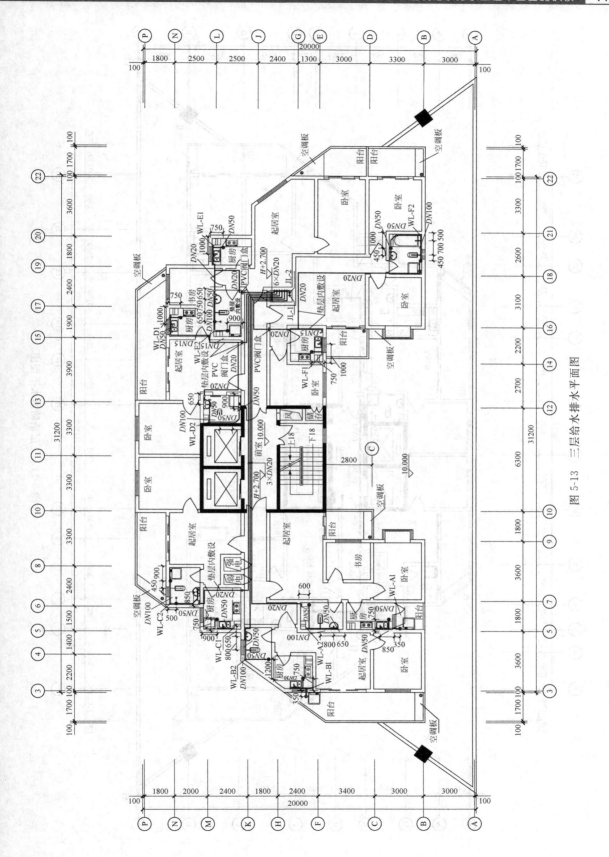

图 5-13 三层给水排水平面图

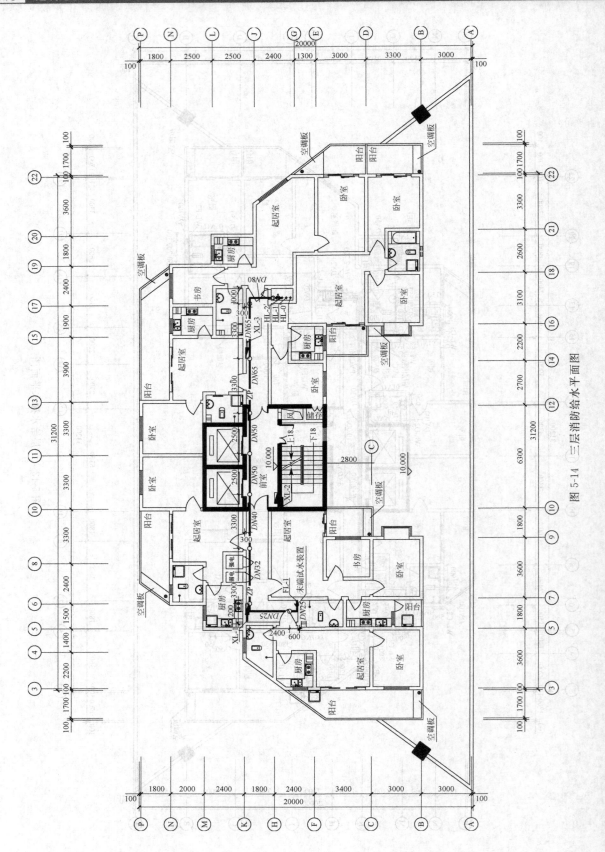

图 5-14　三层消防给水平面图

（1）卫生间　6套单元式公寓卫生间中主要设备为坐式大便器、台式洗脸盆，每个卫生间均设有一个 $DN50$ 地漏（排水集中的位置，排水找坡的最低位置）。

（2）厨房　每套厨房设有洗涤盆，$DN50$ 地漏。

（3）阳台　每套阳台设有一只 $DN50$ 的地漏。

图 5-14 是三层消防给水平面图，从图中可以看出三层消防主要设备部件布置情况：

（1）强电间和弱电间　每间各设有 2 具磷酸铵盐灭火器 MF/ABC3（3A）。

（2）走道与电梯间　室内消火栓系统设有 3 套室内消火栓箱（白色铝合金箱体），型号为 SG24D65Z-J（单栓），箱体尺寸 1800mm（高）×700mm（宽）×240mm（厚），箱内分两层，上层尺寸 1180mm（高）×700mm（宽）×240mm（厚），上层箱内设有一个 SN65 的栓口、一支 QZ19 的水枪、一条 $DN70$ 长度 25m 衬胶水带、一套 JPS1.6-19 消防软管卷盘 [$DN25$ 软管长度 25m]、一个 $DN25$ 全铜截止阀，一个成品消防按钮，下层尺寸 620mm（高）×700mm（宽）×240mm（厚），下层箱内设有 2 具型号为 MF/ABC3（3A）磷酸铵盐灭火器。自动喷水灭火系统在走道和电梯间内设有 8 只标准下垂型喷头，型号为 ZSTX15/68，安装高度需要配合建筑装修吊顶进行。自动喷水灭火系统末端设有一个试验与放空用的 $DN25$ 全铜截止阀（在⑥轴与Ⓗ～Ⓕ轴处）。

（3）住宅管井　自动喷水灭火系统设有一个 $DN80$ 的信号闸阀、一个 $DN80$ 的水流指示器，立式水表 6 个，全铜截止阀 6 个（$DN20$）。

本建筑三层主要设备部件统计如下：坐式大便器 6 套，台式洗脸盆 6 套，厨房成品洗涤盆 6 套，$DN50$ 普通塑料地漏 18 个（卫生间 6 个、厨房 6 个、阳台 6 个），$DN50$ 带洗衣机排水插孔塑料地漏 6 个，室内消火栓箱 3 套（SG24D65Z-J），$DN80$ 信号闸阀一个，$DN80$ 水流指示器一个，标准下垂型喷头（ZSTX15/68）8 只，型号为 LXSL-20E 立式水表 6 个，$DN25$ 全铜截止阀 6 个。

2. 管道布置

从图 5-13～图 5-15 能够看出该建筑三层给水排水管道布置情况。

（1）住宅管井　图 5-15 为住宅管井，其中编号为 "HL-1'" 和 "HL-2'" 的管道是自动喷水灭火系统给水立管，编号为 "HL-0'" 的管道是自动喷水灭火系统接自屋面消防水箱的给水立管，编号为 "JL-1" 和 "JL-2" 的管道是给水立管。这些管道管径与连接管标高应结

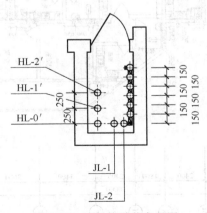

图 5-15　三层管道井布置图

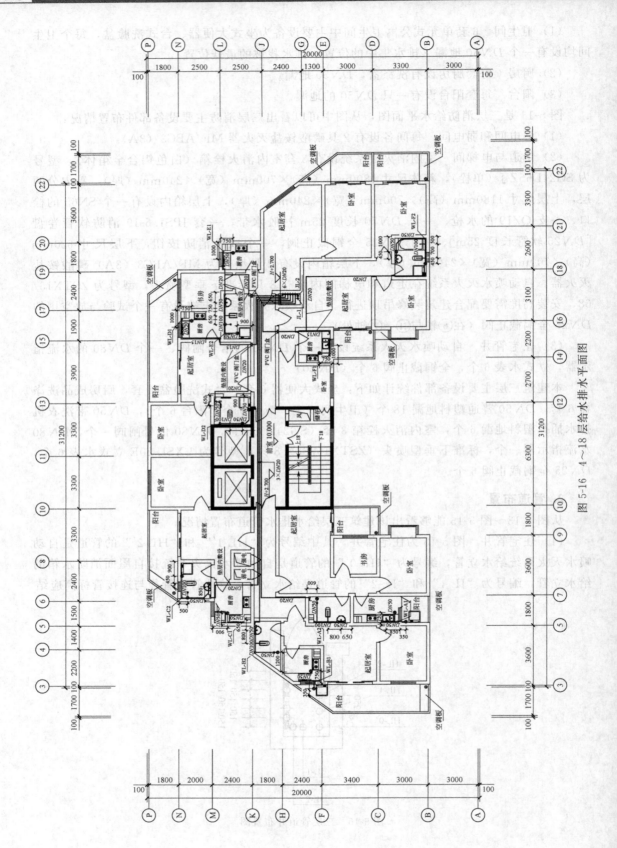

图 5-16　4～18 层给水排水平面图

合相应的展开系统原理图确定。

（2）卫生间　编号为"WL"的管道是污水排水立管，卫生间给水排水支管布置详见相应的卫生间布置大样图。

（3）厨房　每套厨房均设单立管，"WL"为污水排水立管，厨房给水排水支管布置详见相应的厨房布置大样图。

（4）其他　编号为"XL-1"、"XL-2"、"XL-3"的管道是室内消火栓系统立管（$DN100$）。消火栓暗装在墙内，消火栓栓口与消防立管的连接管管径为 $DN70$；编号为"ZP"的管道是自动喷水灭火系统连接管道，管径与尺寸按图面标注。"ZP"管道接自管道井中的自动喷洒给水立管"HL-2′"上，各楼层接出的"ZP"管道在管道井中设有自动喷水灭火系统信号闸阀和水流指示器，出管道井后接标准下垂型喷头（ZSTX15/68）8 只，在末端设压力表和试水装置，试水时和放空时的排水由编号为"FL-1"的管道排出。连接喷头的支管管径均为 $DN25$。

（二）4～18 层给水排水平面图

图 5-16 为 4～18 层给水排水平面图，所反映的内容与三层平面图基本相同，所以在识读 4～18 层给水排水平面图时，可以参照三层给水排水平面图。

在识读 4～18 层给水排水平面图时，应特别注意住宅管道井中（图 5-17～图 5-19）的各种类型立管的变化，并与相应展开系统原理图密切配合。

4～9 层住宅管井（见图 5-17）中共有 5 根立管，其中 3 根是自动喷水灭火系统的立管：

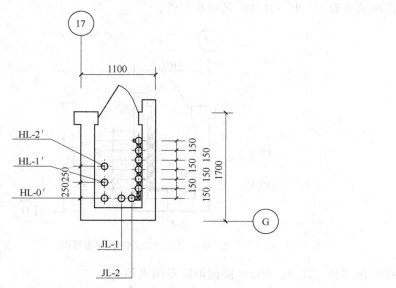

图 5-17　4～9 层管道井布置图

① HL-0′为自动喷水灭火系统接屋顶水箱的给水管；

② HL-1′为自动喷水灭火系统高区系统的给水管，提供 9～18 层的自动喷水系统的消防用水；

③ HL-2′为自动喷水灭火系统低区系统的给水管，提供 3～8 层的自动喷水系统的消防用水。

其余 2 根给水立管分别为：

① JL-1 为生活给水系统的低区给水管，提供 3～11 层的生活用水；

② JL-2 为生活给水系统的高区给水管，提供 12～18 层的生活用水。

10～11 层住宅管井（见图 5-18）中共有 4 根立管，其中 2 根（HL-1′、HL-0′）是自动喷水灭火系统的立管，2 根（JL-1、JL-2）是给水立管。

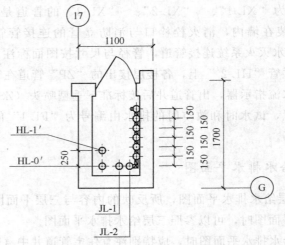

图 5-18　10～11 层管道井布置图

12～18 层住宅管井（见图 5-19）共 3 根立管，其中 2 根（HL-1′、HL-0′）是自动喷水灭火系统的立管，1 根（JL-2）是给水立管。

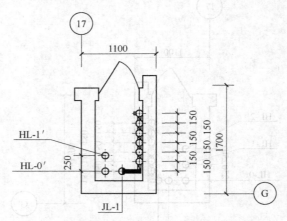

图 5-19　12～18 层管道井布置图

在屋顶部分，JL-2、HL-0′接到消防专用水箱。

厨房和卫生间排水图详见第八章的厨房和卫生间排水大样图。排水立管设有检查口、伸缩节、阻火圈（管径大于 $DN100$ 的立管设有阻火圈），排水立管顶部设有通气帽，在各层与排水支管相连接后，利用重力将污水排出。

（三）4～11 层给水支管平面图

图 5-20 是 4～11 层给水支管平面图，给水支管由于布置重叠原因设计图另行表达。4～11

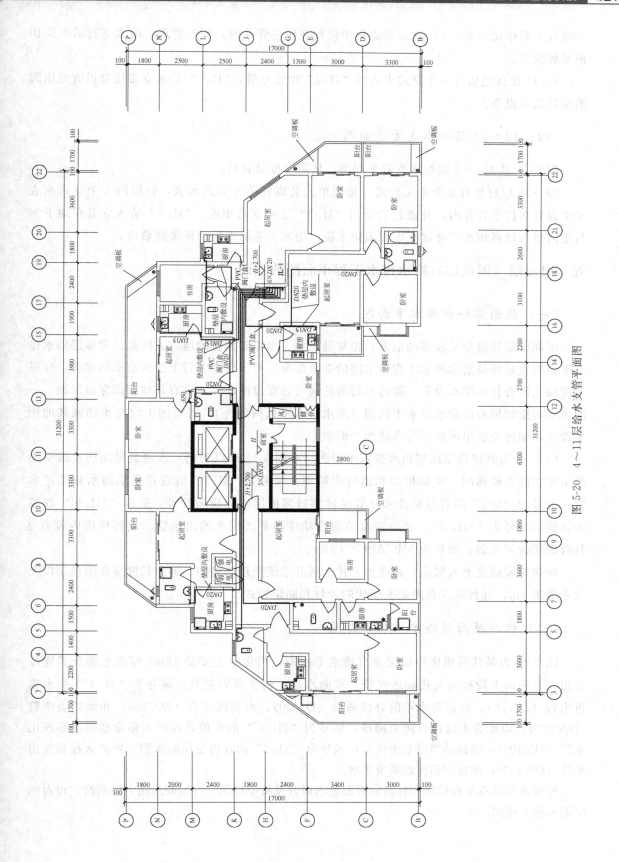

图 5-20　4～11 层给水支管平面图

平面有 6 套单元公寓，6 个立式水表集中设置在住宅管井内，便于管理，给水支管沿本层顶板梁底敷设。

4～11 层住宅管井 6 个立式水表接"JL-1"给水立管，"JL-1"给水立管接自设有减压阀的生活供水设备。

（四）12～18 层给水支管平面图

图 5-21 是 12～18 层给水支管平面图，从图中可以看出：

12～18 层每层有 6 套单元公寓，每套单元公寓安装 1 立式水表，每层的 6 个立式水表集中设置在住宅管井内，并通过管道与"JL-2"给水立管相连。"JL-2"给水立管在地下室与生活供水设备相连，并接至屋面消防水箱。给水支管沿本层顶板梁底敷设。

五、屋面层（屋顶层）给水排水工程平面图的识读

（一）屋面层给水排水平面图

屋面层是管道交叉较多的地方，也常是设备、水箱等放置的地方。因此，屋面层给水排水平面图也是建筑给水排水工程施工图的重要部分。对于采用下行上给式给水的建筑，如果其屋面上没有什么用水设备，除污水管道的通气管穿过屋面外，没有其他管道穿过屋面，一般就不再绘制屋面层给水排水平面图（雨水排水平面图除外）。若屋面上设有水箱或其他用水设备，则还应绘出屋面层给水排水平面图。

图 5-22 为某建筑屋面层给水排水平面图。从图 5-22 可以看出：该建筑屋面层建筑平面的主要功能有楼梯间、电梯机房和消防水箱等。编号为"JL-1"的管道是消防水箱的进水管；编号为"WL"的管道是排水立管延伸穿过屋面层的伸顶通气管。管道"HL-0′"在屋面转换后编号为"HL-0‴"，是消防水箱向自动喷淋系统供水的出水管。电梯机房内设有 2 具磷酸铵盐灭火器，型号为 MF/ABC3（3A）。

该建筑屋面是上人屋面，在此参照排水展开系统原理图可知，伸出长度应在隔热层以上大于等于 2m，并且应注意图纸所交代的管材和固定方式。

（二）机房屋面层给水排水平面图

图 5-23 为某建筑机房屋面层给水排水平面图，机房中主要是 18m³ 屋面水箱及其连接管道，水箱面上设有进人孔和透气管。屋面水箱上的主要管道有：编号为"JL-1′"的水箱进水管（$DN50$），进消防水箱前分成两根（$DN50$），水箱放空管（$DN100$）和水箱溢流管（$DN100$），溢流管末端设有防虫网罩；编号为"HL-0‴"的管道是屋面水箱自动喷淋系统出水管（$DN100$），向自动喷淋系统供水；编号为"XL-2"的管道是屋面水箱室内消火栓系统出水管（$DN150$），向室内消火栓系统供水。

屋面水箱管道平面位置和标高应对照给水展开系统原理图，有屋面水箱大样图时，可对照屋面水箱大样图。

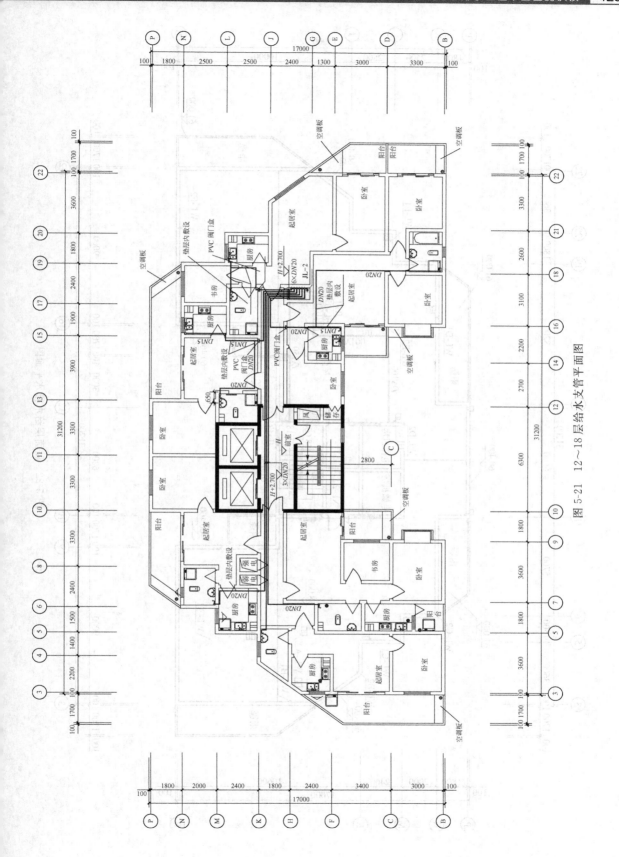

图 5-21　12～18 层给水支管平面图

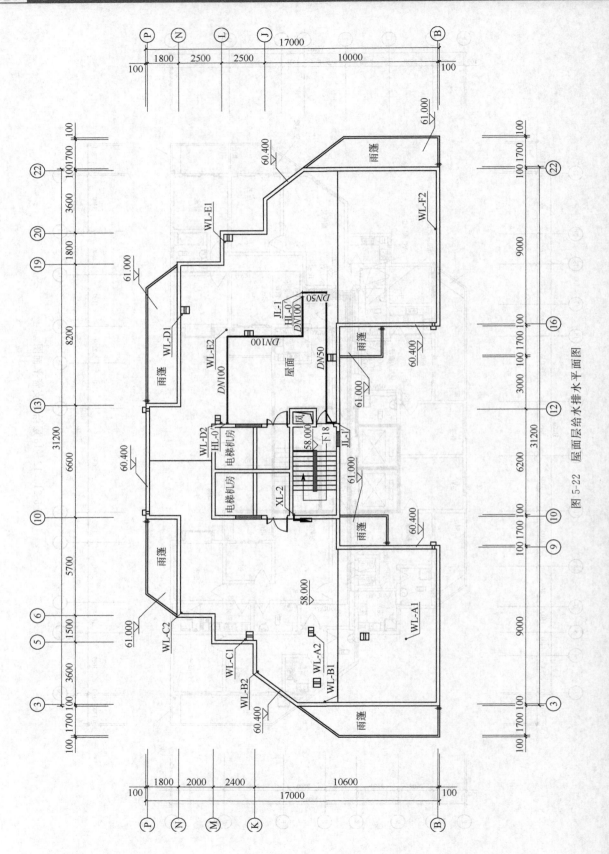

图 5-22　屋面层给水排水平面图

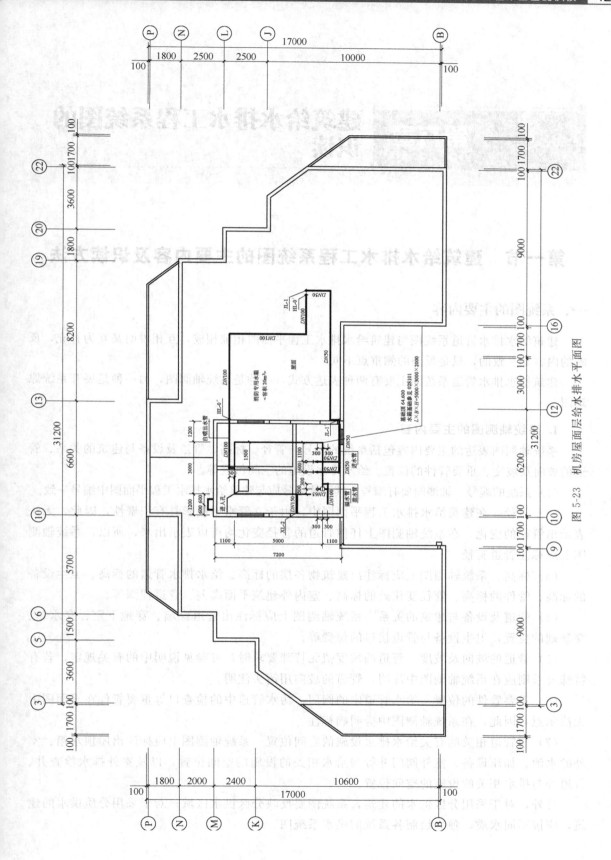

图 5-23　机房屋面层给水排水平面图

第六章 建筑给水排水工程系统图的识读

第一节　建筑给水排水工程系统图的主要内容及识读方法

一、系统图的主要内容

建筑给水排水管道系统图与建筑给水排水工程平面图相辅相成，互相说明又互为补充，反映的内容是一致的，只是反映的侧重点不同。

建筑给水排水管道系统图主要有两种表达方式，一种是系统轴测图，另一种是展开系统原理图。

1. 系统轴测图的主要内容

系统轴测图表达的主要内容包括系统的编号、管径、标高、管道及设备与建筑的关系、管道的坡向及坡度、重要管件的位置、给水排水设施的空间位置等。

（1）系统的编号　轴测图要有编号，其系统编号应与建筑给水排水工程平面图中编号一致。

（2）管径　在建筑给水排水工程平面图中，由于立管水平投影具有积聚性，因此，无法表示出管径的变化。在系统轴测图上任何管道的管径变化均可以表示出来，所以，系统轴测图上应标注管道管径。

（3）标高　系统轴测图上应标注出建筑物各层的标高、给水排水管道的标高、卫生设备的标高、管件的标高、管径变化处的标高、室内外建筑平面高差、管道埋深等。

（4）管道及设备与建筑的关系　系统轴测图上应标注出管道穿墙、穿地下室、穿水箱、穿基础的位置，卫生设备与管道接口的位置等。

（5）管道的坡向及坡度　管道的坡度值无特殊要求时，可参见说明中的有关规定，若有特殊要求则应在系统轴测图中注明，管道的坡向用箭头注明。

（6）重要管件的位置　给水管道中的阀门、污水管道中的检查口等重要管件在平面图中无法示意，因此，在系统轴测图中应明确标注。

（7）与管道相关的有关给水排水设施的空间位置　系统轴测图上应标注出屋顶水箱、室外贮水池、加压设备、室外阀门井等与给水相关的设施的空间位置，以及室外排水检查井、管道等与排水相关的设施的空间位置。

另外，对于采用分区供水的建筑，系统图要反映分区供水区域；对于采用分质供水的建筑，应按不同水质，独立绘制各系统的供水系统图。

雨水排水系统图要反映管道走向、落水口、雨水斗等内容。雨水排至地下以后，若采用有组织排水，还应反映排出管与室外出口井之间的空间关系。

展开系统原理图比系统轴测图简单，一般没有比例关系，是用二维平面关系来替代三维空间关系的，目前使用较多。

2. 展开系统原理图主要内容

展开系统原理图比系统轴测图简单，一般没有比例关系，是用二维平面关系来替代三维空间关系，目前使用较多。

① 应标明立管和横管的管径、立管编号、楼层标高、层数、仪表及阀门、各系统编号、各楼层卫生设备和工艺用水设备的连接。

② 应标明排水管立管检查口、通风帽等距地（板）高度等。

③ 对于各层（或某几层）卫生设备及用水点接管（分支管段）情况完全相同的建筑，在展开系统原理图上只绘一个有代表性楼层的接管图，其他各层注明同该层即可。

④ 当自动喷水灭火系统在平面图中已将管道管径、标高、喷头间距和位置标注清楚时，可简化表示从水流指示器至末端试水装置（试水阀）等阀件之间的管道和喷头。

简单管段在平面上注明管径、坡度、走向、进出水管位置及标高，可不绘制系统图。

二、系统图的绘制与识读

（一）系统轴测图的绘制

系统轴测图是采用轴测投影原理绘制的，能够反映管道、设备等三维空间关系的立体图。系统轴测图有正等轴测投影图和斜等轴测投影图两种。

1. 管道正等轴测图

管道正等轴测图的绘制是把在空间中的物体的轮廓线分左右向（横向）、前后向（纵向）、上下向（立向）三个方向，且依次对应为 X 向、Y 向、Z 向，X、Y、Z 向线相交于 O 点，形成 XOY、XOZ、YOZ 三个平面，并使 $\angle YOZ = \angle XOZ = \angle XOY = 120°$，如图 6-1 所示。

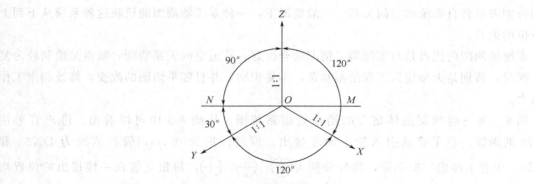

图 6-1　正等轴测图表示法

管道正等轴测图的画法是：横向（左右向）管线右下斜，纵向（前后向）管线左下斜，立向（上、下向）管线方向仍不变。管线间距同平面图、立面图，看得见的管线不断开，看不见的管线处要断开。

2. 管道斜等轴测图

管道斜等轴测图与正等轴测图的主要区别是左右 X 向（横向）和前后 Y 向（纵向）相交 135°，左右 X 向和上下 Z 向（立向）相交 90°，XYZ 相交于 O 点，形成 XOY、XOZ、YOZ 三个平面，如图 6-2 所示。

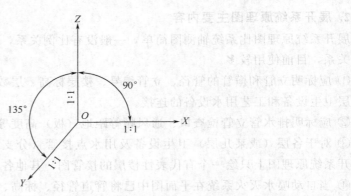

图 6-2　斜等轴测图表示法

管道斜等轴测图的画法是：左右向（横向）管线方向不变，前后向（纵向）管线左下斜，上下向（立向）管线方向也不变。管线间距同平面图、立面图，看得见的管线不断开，看不见的管线处要断开。

管道斜等轴测图在建筑给水排水系统轴测图中应用较多。

建筑给水排水系统轴测图一般按照一定的比例（不易表达清楚时，局部可不按比例）用单线表示管道，用图例表示设备。在系统轴测图中，上下关系是与层（楼）高相对应的，而左右、前后关系会随轴测投影方位的不同而变化。人们在绘制系统轴测图时，通常把建筑物的南面（或正面）作为前面，把建筑物的北面（或背面）作为后面，把建筑物的西面（或左侧面）作为左面，把建筑物东面（或右侧面）作为右面。

建筑给水排水系统轴测图主要包括：生活（生产）给水系统轴测图、室内消火栓给水系统轴测图、自动喷水灭火给水系统轴测图、污水排水系统轴测图和雨水排水系统轴测图等，它们分别表示各自系统的空间关系。一般情况下，一种系统轴测图能反映这种系统从下到上全方位的关系。

系统轴测图的优点是与实际施工情况吻合性好，管道空间关系清晰；缺点是绘制较为复杂、耗时，特别是大型建筑工程绘制复杂，不易识别，并且随平面图的改变，修改起来工作量很大。

图 6-3 为一幢四层集体宿舍的给水管道系统图。从图 6-3 中可以看出，进户管采用 DN70 的钢管。总干管从引入管上向左接出，埋设深度为 0.4m，管径依次为 DN65 和 DN50。干管上接出三根立管，编号分别为 ①、②、③，每根立管在一楼接出的位置均安装阀门，其管径由下至上分别为：一楼 50mm，二楼 40mm，三楼和四楼均为 32mm。

给水立管 ① 上接出 4 根支管，分别供水至各楼层盥洗室左侧盥洗槽 5 个 DN15 水嘴的用水。各支管的管径由左向右分别为 32mm、25mm、20mm，每根支管上从立管接出的地方均设置阀门。

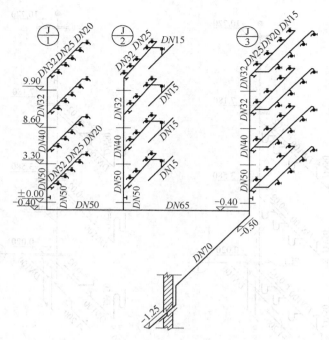

图 6-3　一幢四层集体宿舍的给水管道系统图

给水立管 $\frac{J}{2}$ 上同样接出四根支管，分别供水至各楼层盥洗室右侧盥洗槽 5 个 $DN15$ 的水嘴和男厕小便池内一根 $DN15$ 的小便池冲洗管用水，各支管的管径由左向右分别为 32mm、25mm、15mm，每根支管上从立管接出的地方均设置阀门。

给水立管 $\frac{J}{3}$ 上接出四根水平支管，每根支管分两路分别供水至各楼层男、女厕所内共 6 个大便器冲洗水箱和 2 个洗涤池水嘴的用水，每根支管上从立管接出的地方均设置阀门。

图 6-4 为某三层建筑的排水系统轴测图。根据斜等轴测图的画法，从图 6-4 可知，排出管、立管、通气管与大便器连接的横管管径为 $DN100$，与该横管连接的管径为 $DN50$，坡度为 0.02，小便槽、污水池、污水池地漏管径均为 $DN50$，大便池下设有 P 形存水弯。各层排水管基本相同，横管端头有清扫口，全部是承插连接，排水立管向上安装有出屋面的排气管，向下穿过楼面进入地面在 -1.200m 标高处转为排出管，在一、三层立管上安装有检查口。

（二）室内给水系统轴测图的识读

室内给水系统图是反映室内给水管道及设备空间关系的图样。由于给排水图具有鲜明的特点，这就给我们识读室内给水系统图带来方便。识读给水系统图时，可以按照循序渐进的方法，从室外水源引入处入手，顺着管路的走向，依次识读各管路及用水设备。也可以逆向进行，即从任意一用水点开始，顺着管路，逐个弄清管道、设备的位置，管径的变化以及所用管件等内容。

值得注意的是，管道轴测图绘制时，遵从了轴测图的投影法则。两管轴测投影相交叉，位于上方或前方的管道线连续绘制，而位于下方或后方的管道线则在交叉处断开。如为偏置

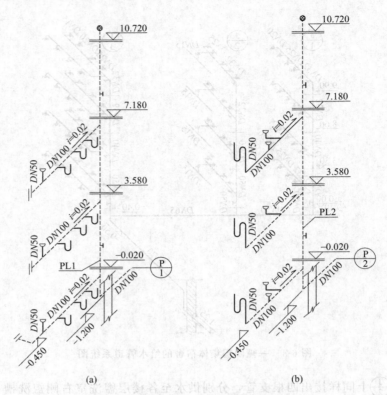

图 6-4　某三层建筑排水系统图

管道，则采用偏置管道的轴测表示法（尺寸标注法或斜线表示法）。

给水管道系统图中的管道采用单线图绘制，管道中的重要管件（如阀门）在图中用图例示意，而更多的管件（如补心、活接、短接、三通、弯头等）在图中并未作特别标注，这就要求读者熟练掌握有关图例、符号、代号的含意，并对管路构造及施工程序有足够的了解。

图 6-5 是某住宅楼的室内给水系统图。现以此为例介绍给水系统轴测图的识读。

1. 整体识读

图中首先标明了给水系统的编号，JL-1 和 JL-2。该系统编号与给排水平面图中的系统编号相对应，分别表示 A 单元、A′单元的给水系统。给出了各楼层的标高线（图中细横线表示楼地面，本建筑共六层）。示意了屋顶水箱与给水管道的关系。从本系统图中可见，室外城市给水管网的水以下行上给的方式直接供应到各用户，JL-1，JL-2 在每层距该层楼板 0.20m 处分出 $DN20$ 的支管，支管通过弯头升至距楼板 0.6m 后，进入水表箱中，在水表箱中支管上设有闸阀（$DN20$），水表（$DN20$）支管进入住宅后，通过弯头降至与该层标高相同后，随地面敷设，与各个用水点相连接。

2. 管路细部识读

以 JL-1 为例，室外供水经由 $DN50$ 管道（标高为－2.10m）引入，经弯头后标高升至－0.60m 后，分为两根 $DN40$ 的支管，其中一根支管与设置于管道井中的 JL-1 相连接。JL-1 在每层距该层楼板 0.20m 处分出 $DN20$ 的支管，支管通过弯头升至距楼板 0.6m 后，

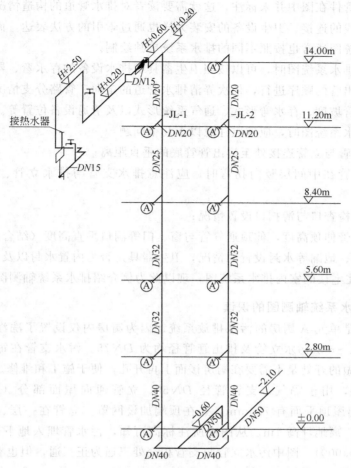

图 6-5 室内给水系统图

进入设在各层的水表箱中，在水表箱中支管上设有闸阀（*DN*20），水表（*DN*20）支管进入住宅后，通过弯头降至与该层标高相同后，随地面敷设，在厨房处设置一个三通，引出*DN*15 支管为厨房洗涤池的水龙头供水，支管继续延伸，经弯头后，将支管标高升至2.50m后（躲开卧室门），接入卫生间，通过弯头降至与该层标高相同后，随地面敷设，支管在卫生间设两个三通和一个弯头，分别为热水器（预设）、洗脸盆和坐便器供水，管径均为*DN*15。本层供水支管到此结束。

其他各层的支管走向与底层相同，这里不再介绍。

接下来再来看看立管的管径变化。本建筑采用的是上行下给式供水方式，生活给水管JL-1 在1～6层的管径分别为*DN*40、*DN*32、*DN*32、*DN*25、*DN*20。

（三）室内排水系统轴测图的识读

室内排水系统图是反映室内排水管道及设备空间关系的图样。室内排水系统从污水收集口开始，经由排水支管、排水干管、排水立管、排出管排出。其图形形成原理与室内给水系统图相同。图中排水管道用单线图表示。因此在识读排水系统图之前，同样要熟练掌握有关图例符号的含意。室内排水系统图示意了整个排水系统的空间关系，重要管件在图中也有示意。而许多普通管件在图中并未标注，这就需要读者对排水管道的构造情况有足够了解。有关卫生设备与管线的连接、卫生设备的安装大样也通过索引的方法表达，而不在系统图中详细画出。排水系统图通常也按照不同的排水系统单独绘制。

在识读建筑排水系统图时，可以按照卫生器具或排水设备的存水弯、器具排水管、排水横管、立管和排出管的顺序进行，依次弄清排水管道的走向、管路分支情况、管径尺寸、各管道标高、各横管坡度、存水弯形式、通气系统形式以及清通设备位置等。

识读建筑排水系统图时，应重点注意以下几个问题：

① 最低横支管与立管连接处至排出管管底的垂直距离；

② 当排水立管在中间层竖向拐弯时，应注意排水支管与排水立管、排水横管连接的距离；

③ 通气管、检查口与清扫口设置情况；

④ 伸顶通气管伸顶高度，伸顶通气管与窗、门等洞口垂直高度（结合水平距离）；

⑤ 卫生器具、地漏等水封设置的情况，卫生器具是否为内置水封以及地漏的形式等。

图 6-6 是某住宅楼的室内排水系统图，现以此为例介绍排水系统轴测图的识读。

1. WL-1 排水系统轴测图的识读

该排水系统是单元 A 厨房的污水排放系统。因为厨房内仅设置了洗涤池，所以这一排水系统很简单。1～6 层污水立管及排出管管径均为 $DN75$。污水支管在每层楼地面上方引至立管中，这样做的好处是不需要在厨房楼面上再开孔，便于施工和维修。支管的端部带有一个 S 形存水弯，用于隔气，支管管径 $DN50$。立管通向屋面部分（通气管）管径为 $DN75$，该管露出屋顶平面有 700mm。并在顶端加设网罩。立管在一层、二层、四层、六层各设有检查口，离地坪高 1m。从图中所注标高可知，污水管埋入地下 1.5m（本设计室外地坪高度为 ±0.000）。图中污水立管与支管相交处三通为正三通，但也有很多设计采用顺水斜三通，以利排水的通畅。

2. WL-2 排水系统轴测图的识读

图中楼层卫生间内外侧的坐便器、地漏、洗面盆的污水均通过支管排至立管中，集中排放。底层卫生设备仍然采用单独排放的方法。首先看看立管，管径 $DN100$ 直至六层，屋面部分通气管为 $DN100$，管道露出屋面 700mm。立管在一层、二层、四层、六层各设有检查口，离地坪高 1m。与立管相连的排出管管径为 $DN100$，埋深 1.50m。

楼层排水支管以立管为界两侧各设一路，用四通与立管连接，且接入口均设于楼面下方，图中左侧 $DN75$ 管带有 S 形存水弯，用于排除洗脸盆的污水，用三通连接坐便器，支管经过三通后管径为 $DN100$。连接坐便器的管道上未设存水弯，这并不意味着坐便器上不需要隔臭，而是因为坐便器本身就带有存水弯，因此在管道上不需要再设。图中立管右侧，为承接洗浴的污水地漏，地漏为 $DN50$ 防臭地漏，上口高度与卫生间地坪平齐。左右两侧支管指向立管方向应有排水坡度 $i=0.01$，管道上还应设置吊架，有关这方面的规定详见说明中的内容。

底层的排水布置与楼层排水支管布置相同。底层排水也可以单独排出，单独排出的污水管有不易堵塞等优点。值得一提的是，当埋入地下的管道较长时，为了便于管道的疏通，常在管道的起始端设一弧形管道通向地面，在地表上设清扫口。正常情况下，清扫口是封闭

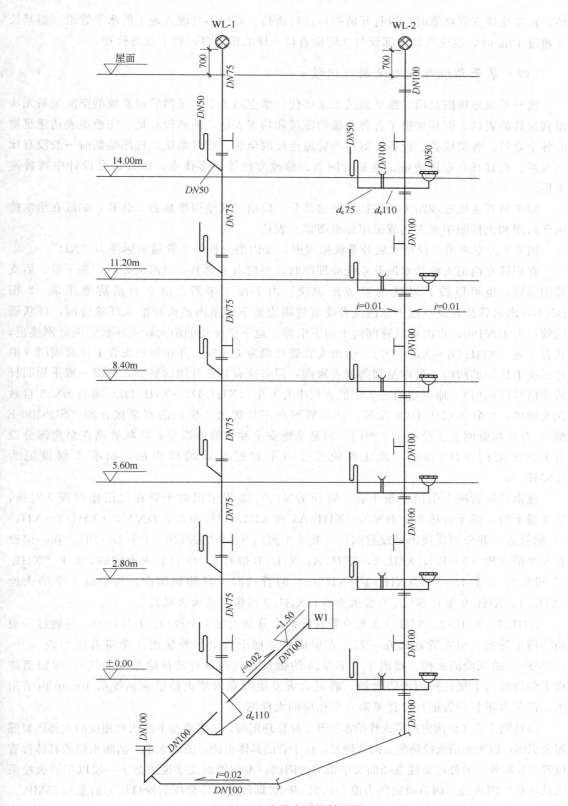

图 6-6　室内排水系统轴测图

的，在发生横支管堵塞时可以打开清扫口进行清扫。即使不是埋入地下的水平管道，当其长度超过12m时，也应在其中部设与立管检查口一样的检查口，利于疏通检查。

（四）展开系统原理图绘制与识读

展开系统原理图是用二维平面关系来替代三维空间关系，虽然管道系统的空间关系无法得到很好的表达，但却加强了各种系统的原理和功能表达，能够较好地、完整地表达建筑物的各个立管、各层横管、设备、器材等管道连接的全貌。展开系统原理图绘制时一般没有比例关系，而且具有原理清晰、绘制时间短、修改方便等诸多优点，因此，在设计中被普遍采用。

对于展开系统原理图无法表达清楚的部分，应通过其他图纸加强来弥补，如放在给水排水平面图和大样图中来表达或采用标准图集来表达。

图6-7为室内消火栓给水展开系统原理图，室内消火栓给水管道的标注为"XH"。

在识读室内消火栓给水展开系统原理图时，可按由下而上，沿水流方向，先干管、后支管的原则；也可以按其系统的组成来识读。由下而上来看，由2台消防增压泵、2根$DN100$出水管接入设在地下室内或者建筑物周边地下的室内消火栓给水环状管网，环状管网管径为$DN150$，再由环状管网向上向下引伸。地下室使用的消火栓由环状管网分别接出，共有7处（XHL-D1～XHL-D7），引出支管管径均为$DN70$，并在每根支管上设有阀门（消防系统上使用的阀门，可以是闸阀或者蝶阀，但必须有显示开闭的装置，所以一般采用明杆的或信号的阀门）。地下室内的7个消火栓中有6个（XHL-D2～XHL-D7）带有SN25自救灭火喉的，1个（XHL-D1）没带。环状管网在室外接出2座消防水泵接合器（SQS100-E型）；在环状管网上还设有4个阀门，满足系统安全和检修的需要；环状管网在泵房部分设有1个安全阀（$DN150$），保证系统安全（不超过设计的压力值，如本工程设定为1.6MPa）。

在由环状管网上引出2根干管，管径$DN150$。2根引出的干管在二层楼面板下对接，形成横干管。横干管接2个$DN70$（XHL-A1和XHL-A2）和3个$DN100$（XHL-1～XHL-3）的管道，并分别在接出处设置阀门，共5个阀门（3个$DN100$，2个$DN70$）。在一层设有5个消火栓（XHL-1，XHL-2，XHL-A，XHL-B带有SN25自救灭火喉的，1个"XHL-3"没带）；3个$DN100$（XHL-1～XHL-3）的管道向上延伸到屋面。每层设3个消火栓（XHL-1、XHL-2带有SN25自救灭火喉，XHL-3没带自救灭火喉）。

XHL-1、XHL-2、XHL-3 3根立管在屋面上分别设置1个阀门（$DN100$），并通过一根消防横干管把三根立管连接在一起。在屋面消防横干管上另外接出1个带有压力表（0～1.6MPa）的试验消火栓，接出1个$DN25$的微量排气阀（自动排除系统集气）。屋面消防横干管继续向上接往屋面消防水箱，满足火灾发生时室内消火栓给水系统前10min内的用水，消防水箱各种管道接口详见第六章相应的大样图。

应特别注意在识读室内消火栓给水展开系统原理图时，还需要与平面图和相应的大样图对照起来识读，以明确消火栓箱的方向与位置，横干管的具体走法，消防水池、消防水箱的具体接管位置与标高等；另外还要注意图面文字说明的阅读，本图图面文字说明是十一层以下消火栓采用减压稳压消火栓，阀后设定压力值为0.25MPa，即经过减压稳压后栓口压力值余0.25MPa。

图6-8为某建筑的雨水与空调冷凝水排水展开系统原理图。从图6-8可以看出，YL-

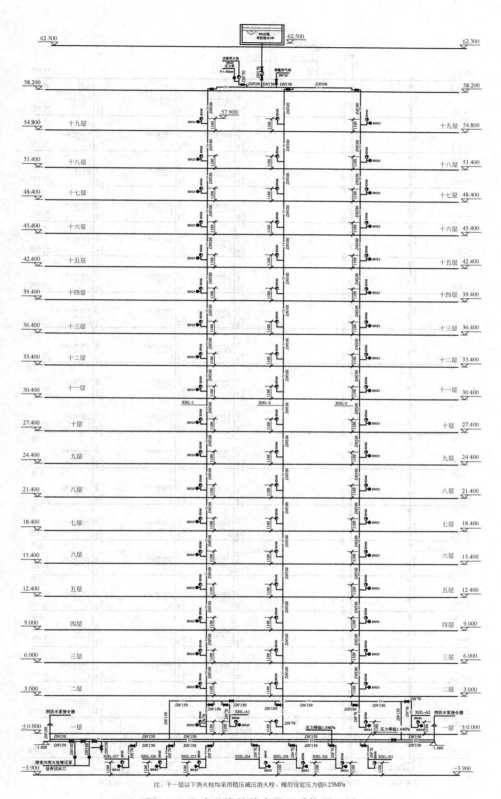

注：十一层以下消火栓均采用稳压减压消火栓。阀后设定压力值0.25MPa

图 6-7　室内消火栓给水展开系统原理图

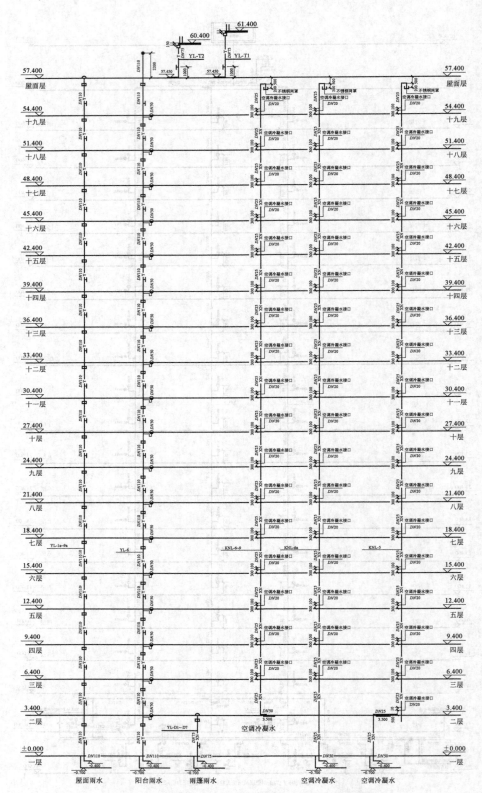

图 6-8 雨水与空调冷凝水排水展开系统原理图

1a～YL-9a 为屋面雨水排水立管，在屋面设有雨水斗（如 65 型、79 型、87 型等），雨水排水立管管径 $DN110$，每层设 1 个专用伸缩节，在一层设有检查口，检查口距地面为 1.000m，排入雨水边沟的横干管出口管内底标高为 -0.400m，管径为 $DN110$，坡度 $i=0.010$；YL-6 为阳台雨水排水立管，管径 $DN110$，每层设有 1 个专用伸缩节和 1 个带 P 弯（水封高度≥50mm）地漏，在一、七、十四和十九层设有检查口，检查口距地面或阳台楼板面为 1.000m，排入雨水边沟的横干管出口管内底标高为 -0.400m，管径为 $DN110$，坡度 $i=0.010$；YL T1、YL T2 分别为楼梯间和电梯机房屋面雨水排水管，设侧向雨水斗，雨水排水管管径为 $DN75$，检查口距屋面高度为 1.000m，YL-D1～YL-D7 为西侧和北侧雨篷雨水排水管，设有 7 个 $DN75$ 的雨水斗，雨水排水管均为 $DN75$，每根雨水排水管设有 1 个专用伸缩节和 1 个检查口，检查口距地面高度为 1.000m，排入雨水边沟的横干管出口管内底标高为 -0.400m，管径为 $DN75$。KNL-6～KNL-9 空调冷凝水排往北侧雨篷，由雨篷经雨水排水系统排入一层室外雨水边沟，空调冷凝水排水管管径为 $DN25$，空调冷凝水排水管在十九层顶端设管口朝下且管口带有不锈钢滤网的通气口。三层开始每层设 $DN20$ 支管接口；KNL-5、KNL-6a 空调冷凝水排往一层室外雨水边沟（管口管内底标高为 -0.400m），KNL-5 在二层楼板面埋墙走一段，空调冷凝水排水管管径为 $DN25$，空调冷凝水排水管在十九层顶端设管口朝下且管口带有不锈钢滤网的通气口，埋在墙内管材一般采用给水塑料管或内外热镀锌钢管，二层开始每层设 $DN20$ 支管接口。

　　图 6-9 为某建筑地下室排水展开系统原理图。本工程地下室设有五处排水设施，即水泵房（1#）、发电机房（2#）、消防电梯（3#）、地下室车道口（4#）和地下室内（5#）五处。从图 6-9 可以看出，水泵房设有（1#）集水坑（地面标高 -5.000m，坑底标高 -6.000m）和排污潜水泵两台（设有停泵水位 -5.700m，开单台水泵水位 -5.100m，开两台水泵水位 -5.000m），出水管管径为 $DN80$，穿剪力墙处管内底标高为 -1.300m；应对照地下室给水排水平面图标注尺寸预埋防水套管（如Ⅱ型防水套管，详见国标 02S404 做法），在排水立管上设有铜芯闸阀（位置标高 -4.000m）满足检修需要、止回阀（滑道滚球式排水专用单向阀）防止污水倒灌、橡胶接头减少水泵振动和噪声。发电机房设有（2#）集水坑（地面标高 -4.800m，坑低标高 -6.000m）和排污潜水泵两台（设有停泵水位 -5.700m，开单台水泵水位 -4.900m，开两台水泵水位 -4.800m），出水管管径为 $DN80$，在地下室的管道标高为 -1.000，穿顶板后管内底标高为 -0.650m；应对照地下室给水排水管道平面图标注尺寸预埋防水套管（如Ⅱ型防水套管，详见图标 02S404 做法），在排水立管上设有铜芯闸阀（位置标高 -3.800m）满足检修需要、止回阀（滑道滚球式排水专用单向阀）防止污水倒灌、橡胶接头减少水泵振动和噪声。3#、5#排污潜水泵布置图参考 1#识读，4#排污潜水泵布置图参考 2#识读。

三、系统图识读应注意的共性问题

　　建筑给水排水系统图是反映建筑内给水排水管道及设备空间关系的图样，识读时要与建筑给水排水系统平面图等结合，并要注意以下几个共性问题：

　　（1）对照检查编号　检查系统编号与平面编号是否一致。

　　（2）阅读收集管道基本信息　主要包括管道的管径、标高、走向、坡度及连接方式

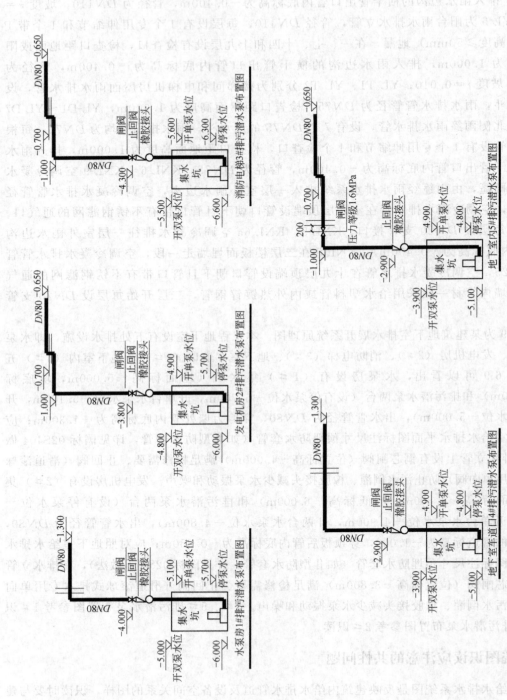

图6-9　某建筑地下室排水展开系统原理图

等。在系统图中，管径的大小通常用公称直径来标注，应特别注意不同管材有时在标注上是有区别的，应仔细识读管径对照表；图中的标高主要包括建筑标高、给水排水管道的标高、卫生设备的标高、管件的标高、管径变化处的标高以及管道的埋设深度等；管道的埋设深度通常用负标高标注（建筑常把室内一层或室外地坪确定为±0.000）；管道的坡度值，在通常情况下可参见说明中的有关规定，有特殊要求时则会在图中用箭头注明管道的坡向。

（3）明确管道、设备与建筑的关系　主要是指管道穿墙、穿地下室、穿水箱、穿基础的位置以及卫生设备与管道接口的位置等。

（4）明确主要设备的空间位置　如屋顶水箱、室外储水池、水泵、加压设备、室外阀门井、室外排水检查井、水处理设备等与给水排水相关的设施的空间位置等。

（5）明确各种管材伸缩节等构造措施　对采用减压阀减压的系统，要明确减压阀后压力值，比例式减压阀应注意其减压比值；要明确在平面图中无法表示的重要管件的具体位置，如给水立管上的阀门、污水立管上的检查井等。

第二节　建筑给水排水工程展开系统原理图工程实例的识读

本节将结合某高层住宅建筑的给水排水施工图说明如何识读建筑给水排水施工图。该工程与第五章第三节的工程实例是同一个住宅。具体情况如下：该住宅建筑地上18层，地下1层。地下室的主要功能是设备用房；1层主要功能是接待大厅、设备用房和管理用房等；2层主要功能是管理用房和办公用房；3~18层为住宅。

生活给水采用分区供水，分区形式为：11层以下为低区，12层以上为高区，采用变频调速供水方式，高低区共用一个系统，低区采用减压阀减压。

生活污水与雨水分别排放，生活污水排放到污水管道中，汇集至化粪池，经处理后，排放到市政排水管道，生活污水管在屋顶设有通气立管；屋面雨水采用水落管外排水的方式，汇集到雨水管道后排至市政雨水管道。

消防系统设有消火栓系统和自动喷洒灭火系统，屋顶设有消防水箱一个，地下室设有消防水池一座。消火栓系统和自动喷洒系统在建筑物底层均于设置于室外的消防水泵接合器连接。

一、生活（生产）给水展开系统原理图的识读

在识读建筑生活（生产）给水展开系统原理图时，可以按照循序渐进的方法，从室外水源引入管处着手，顺着管道所走的路线依次识读各管路及用水设备。也可以逆向进行，即从任意一用水点开始，顺着管路逐个弄清管道和设备的位置、管径的变化以及所用管件等内容。

识读生活（生产）给水系统图时首先要明确供水方式，对于采用直接供水方式的建筑要明确市政供水管网的供水压力值；对于采用分区供水方式的建筑要明确分区供水区域；对于采用分质供水的建筑要区别不同水质的供水系统图等。

图6-10为某建筑生活给水展开系统原理图，下面从室外引入管处顺着管道所走的路线

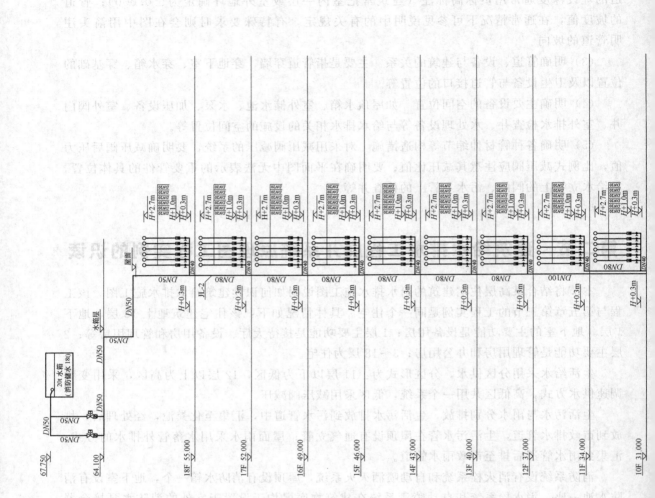

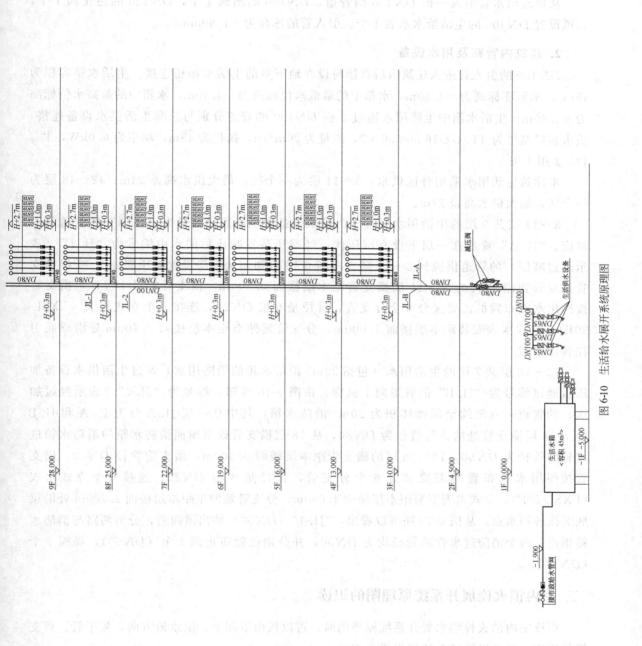

图 6-10 生活给水展开系统原理图

依次识读各管路及用水设备。

1. 建筑外水源引入

从市政给水管引入一根 $DN100$ 的管道，$DN100$ 的闸阀 1 个，$DN100$ 的逆止阀 1 个，管道设置 $DN100$ 的生活给水水表 1 个。引入管的标高为 $-1.900m$。

2. 建筑内管路及用水设备

$DN100$ 的引入管进入建筑内后直接与设在地下室的生活水箱相连接。生活水箱容积为 $45m^3$，水箱底标高为 $-4.50m$，水箱中的最低水位标高为 $-4.40m$，水箱中的最高水位标高为 $-2.40m$。生活水箱中生活用水通过 3 根 $DN100$ 的管道分别与三套生活供水设备连接，供水装置型号为 TF/GZ-16-80-3.0×2，流量为 $20m^3/h$，扬程为 $48m$，功率为 $6.0kW$，共 3 台，2 用 1 备。

本建筑生活用水采用分区供水，3～11 层为一个区，最大供水高差 $24m$；12～18 层为一个区，最大供水高差 $27m$。

3～11 层共 9 层的生活用水经过生活供水设备加压后通过编号为"JL-A"的管道向上供应。"JL-A"管道在一层下设有减压阀，经减压装置减压后的水由编号为"JL-1"（表示经过减压）的管道供应到 3～11 层。由图 6-10 可知，从一层设置减压阀处至 11 层横支管处立管管径 $DN80$。4～11 层横支管距本层楼面 $0.300m$，横支管管径 $DN40$，横支管按照用水点布置的需要又分 6 个分支管，管径是 6 根 $DN20$，连接 6 个立式水表（LXSL-20E）。立式水表安装距本层楼面 $1.000m$，分支管延伸至距本层楼面 $2.700m$ 处沿梁底引往各用水点。

12～18 层共 7 层的生活用水（包括 $20m^3$ 消防水箱的消防用水）经过生活供水设备加压后通过编号为"JL-B"的管道向上供应。由图 6-10 可知，编号为"JL-2"（表示经过加压）的管道一直延续至屋面体积为 $20m^3$ 消防水箱，其中从一层 JL-A 分为 JL-A 和 JL-B 处至 18 层横支管处的立管管径为 $DN80$，从 18 层横支管处至屋面消防水箱的消防水箱进水管的管径为 $DN50$。12～18 层的横支管距本层楼面 $0.300m$，横支管管径 $DN40$，横支管按照用水点布置的需要又分 6 个分支管，管径是 6 根 $DN20$，连接 6 个立式水表（LXSL-20E）。立式水表安装距本层楼面 $1.000m$，分支管延伸至距本层楼面 $2.700m$ 处沿梁底引往各用水点。从图 6-10 还可以看出，"JL-1"（$DN50$）伸出屋面后，分为两路与消防水箱相连，两个消防进水管的管径均为 $DN50$，并分别设置逆止阀 1 个（$DN50$），蝶阀 1 个（$DN50$）。

二、室内消火栓展开系统原理图的识读

识读室内消火栓给水展开系统原理图时，可以按由下而上，沿水流方向，先干管、后支管的原则，也可以按其系统的组成来识读。

识读室内消火栓给水展开系统原理图时，要明确消防水箱、消防水池的最高水位、最低水位及消防贮水量；明确消防系统中试验消火栓、末端试水装置、压力表、系统放空管与排污管等设施的技术要求。

图 6-11 为某建筑室内消火栓给水展开系统原理图，下面由下而上，沿水流方向依次识

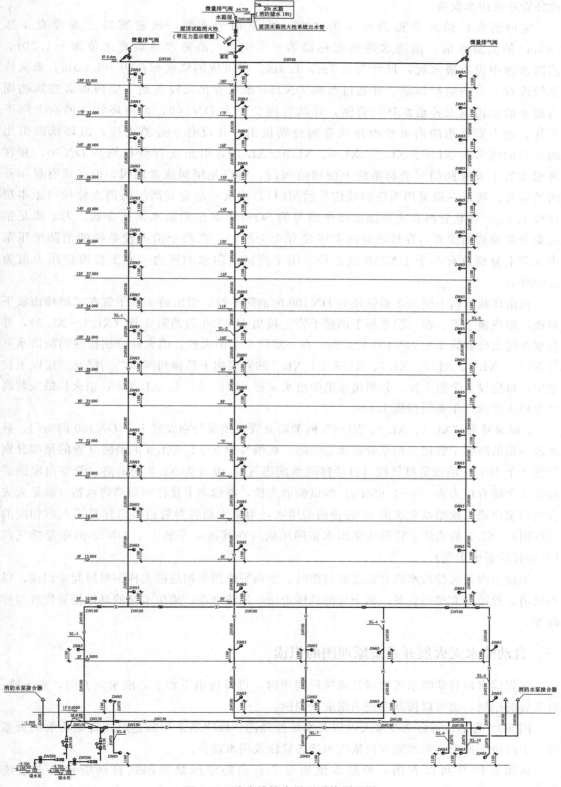

图 6-11　消火栓给水展开系统原理图

读各管路及用水设备。

室内消火栓给水管道的标注为"X"。由下而上来看，该建筑地下室设有1座380m³的消防水池，消防水池池底标高为−5.00m，消防水池最高水位为−1.20m。消防水池中设有吸水坑，尺寸为8.7m×1.4m。吸水坑的坑底标高为−6.00m。消火栓系统设有2台消防增压泵，并通过2根DN150出水管接入设在地下室内或者建筑物周边地下的室内消火栓给水环状管网，环状管网管径为DN150，再由环状管网向上向下引伸。地下室使用的消火栓由环状管网分别接出，共设有5处消火栓，由环状网引出的支管的编号为XL-6、XL-7、XL-8、XL-9、XL-10，引出支管管径均为DN70，并在每根支管上设有阀门（消防系统上使用的阀门，可以是闸阀或者蝶阀，但必须有显示开闭的装置，所以一般采用明杆的或信号的阀门），消火栓的安装高度为消火栓栓口距本层楼板1.1m。环状管网在室外接出2个型号为SQS100-E的消防水泵接合器。为了满足系统安全和检修的需要，在环状管网上还设有4个阀门；在两个消火栓系统的消防增压泵出水管上分别设有一个DN100试水栓，用于测试消防水的压力（本工程设定压力值为1.6MPa）。

再由环状管网上引出2根管径为DN100的消防干管。引出的2根干管在二层楼面板下对接，形成横干管。在二层楼板下的横干管上接出DN100的消防立管（XL-1～XL-3），并分别在接出处安装1个DN100的蝶阀。在一层设5个消火栓，消火栓分别接在消防给水立管XL-2、XL-4、XL-6、XL-7、XL-8上；XL-2的管道向上延伸到屋面，三层及三层以上住宅中，每层设3个消火栓，分别接在消防给水立管XL-1、XL-2、XL-3上，消火栓的安装高度为消火栓栓口距本层楼板1.1m。

3根编号为"XL-1、XL-2、XL-3"的消防立管在顶部分别设置1个DN100的阀门，并通过一根消防横干管把三根立管连接在一起。在编号为XL-1、XL-3的消防立管的顶端分别安装1个DN25的微量排气阀（自动排除系统集气）。编号为XL-2的消防立管穿出屋面后接出1个带有压力表（0～1.6MPa）的试验消火栓，继续向上接往屋面消防水箱（满足火灾发生时室内消火栓给水系统前10分钟内的用水，消防水箱各种管道接口详见第八章相应的大样图）。XL-2的消防立管最终穿出水箱间屋面后在其顶端安装1个DN25的微量排气阀（自动排除系统集气）。

识读室内消火栓给水展开系统原理图时，要与平面图和相应的大样图对照起来识读，以明确消火栓箱的方向与位置，横干管的具体走法，消防水池、消防水箱的具体接管位置与标高等。

三、自动喷水灭火展开系统原理图的识读

在识读室内自动喷水灭火展开系统原理图时，可以按由下而上，沿水流方向，先干管后支管的原则，也可以按其系统的组成来识读。

图6-12为某建筑自动喷水灭火展开系统原理图。该建筑采用的是湿式自动喷水灭火系统，下面由下而上，沿水流方向依次识读各管路及用水设备。

从图6-12中可以看出，消防水池通过2台消防增压泵向湿式自动喷水灭火系统供水。

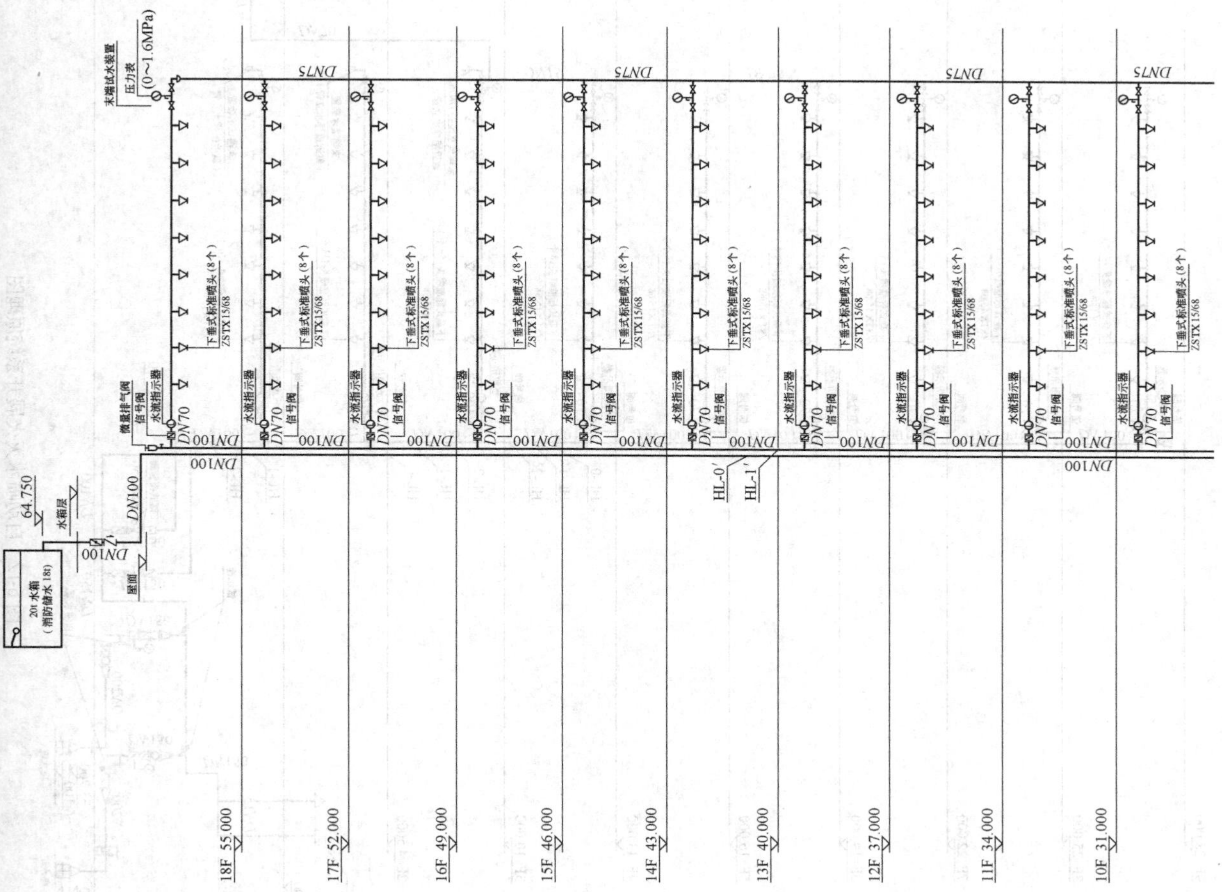
20t 水箱
（消防储水 18t）
64.750
水箱层
屋面
DN100
末端试水装置
压力表
(0~1.6MPa)
DN75
微量排气阀
信号阀
水流指示器
DN70
下垂式标准喷头（8个）
ZSTX 15/68
HL-0'
HL-1'
18F 55.000
17F 52.000
16F 49.000
15F 46.000
14F 43.000
13F 40.000
12F 37.000
11F 34.000
10F 31.000

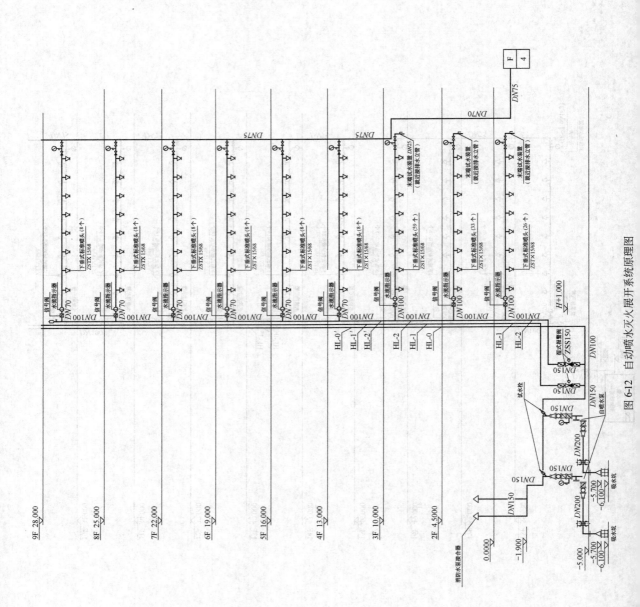

图 6-12 自动喷水灭火展开系统原理图

消防增压泵出水管接到设在地下室中的两台湿式报警阀上，然后通过两条 $DN100$ 的自喷给水管 HL-1 和 HL-2 向喷水管网供水。其中 HL-2（三层以上该管编号为 HL-2′）为低区自喷给水管，HL-1（三层以上该管编号为 HL-1′）为高区自喷给水管。HL-0 连接屋顶消防水箱，在屋顶处设有蝶阀（$DN100$）、逆止阀（$DN100$），延伸至地下室与自动喷水灭火系统相连接，提供火灾初期前十分钟内消防用水的需要。在每个增压泵的出水端设 1 个试验消水栓，用于测试自喷系统出水的压力（本工程设定压力值为 1.6MPa）。两台消防水泵接合器（型号为 SQS100-E）连接两台自喷系统供水水泵后，与 HL-1、HL-2 和 HL-0 相连接。

一组湿式报警阀组通过立管 HL-2（HL-2′），给地下室至 9 层自动喷淋系统供水，HL-2（HL-2′）管道从湿式报警阀到第 9 层横支管连接处的干管管径为 $DN100$，HL-2′ 在 9 层设有 1 个 $DN25$ 的微量排气阀。

3～9 层横支管管径均为 $DN70$，每层的横支管上设有 1 个 $DN70$ 的信号闸阀、1 个 $DN70$ 的水流指示器、8 只下垂型标准喷头（ZSTX15/68）、1 个 $DN25$ 的末端试水装置，末端还设 1 个 $DN25$ 的试水用截止阀。

二层的横支管管径为 $DN100$，其上设有 1 个 $DN100$ 的信号闸阀、1 个 $DN100$ 的水流指示器、59 只下垂型标准喷头（ZSTX15/68）、1 个 $DN25$ 的末端试水装置，末端还设 1 个 $DN25$ 的试水用截止阀。

一层横支管管径为 $DN100$，其上设有 1 个 $DN100$ 的信号闸阀、1 个 $DN100$ 的水流指示器、33 只下垂型标准喷头（ZSTX15/68）、1 个 $DN125$ 的末端试水装置，末端还设 1 个 $DN25$ 试水用截止阀。

地下室内横支管管径为 $DN100$，设有 1 个 $DN100$ 的信号闸阀、1 个 $DN100$ 的水流指示器、26 只下垂型标准喷头（ZSTX15/68）、1 个 $DN25$ 的末端试水装置，末端还设 1 个 $DN25$ 试水用截止阀。

另一组湿式报警阀组通过立管 HL-1（HL-1′），给 10～18 层喷淋系统供水，HL-1（HL-1′）管道从湿式报警阀到 18 层横支管连接处的干管管径为 $DN100$。编号为 HL-1′ 的管道在 18 层顶处安装 1 个 $DN25$ 微量排气阀。10～18 层的横支管管径均为 $DN70$，每层设有 1 个 $DN70$ 信号闸阀、1 个 $DN70$ 水流指示器、8 只下垂型标准喷头（ZSTX15/68）、1 个 $DN25$ 末端试水装置，末端还设 1 个 $DN25$ 试水用截止阀。

在识读湿式自动喷水灭火展开系统原理图时，应与各层平面图对照起来一起识读，这样才能弄清每层支管的分布和管径等情况。

四、建筑排水展开系统原理图的识读

图 6-13 为某建筑的污水排水展开系统原理图。该建筑污水排水系统分成地面以上污水排水和地下室的污水排水。地面以上污水排水分为公寓卫生间排水、厨房排水两部分。排水均采用单立管系统。下面按照卫生器具或排水设备的存水弯、器具排水管、排水横管、立管和排出管的顺序进行识读。

污水排水管道采用 W 标注。编号为 WL-A2、WL-B2、WL-C2、WL-D2、WL-E2、WL-F2 的 6 条管道为卫生间污水排水立管，其管径均为 $DN100$。每层横支管管径均为

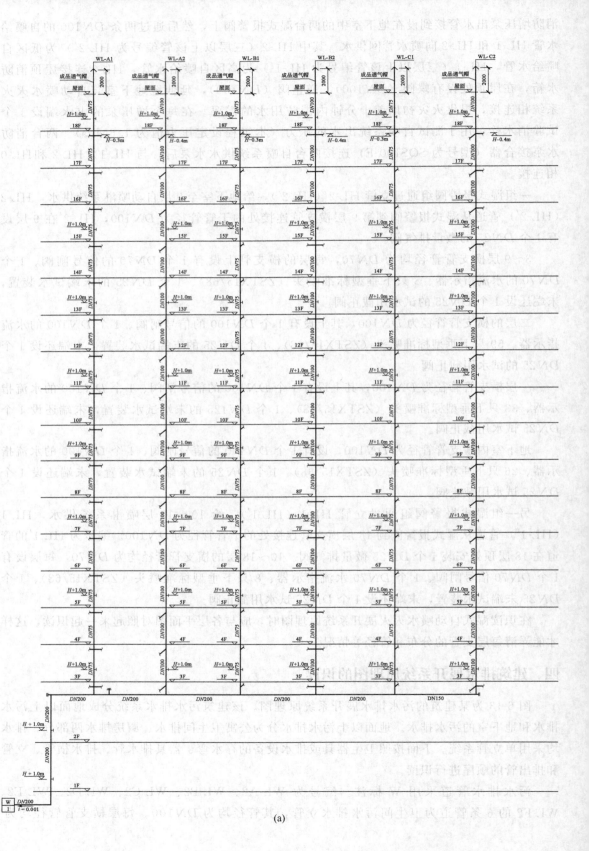

(a)

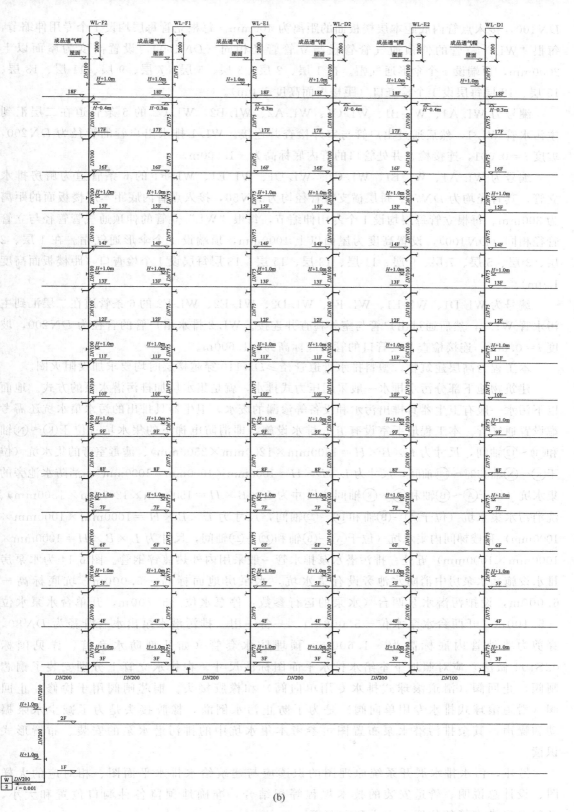

(b)

图 6-13 污水排水展开系统原理图

$DN100$，接入点管内底距本层楼板面的距离为 400mm。每根立管每层均设 1 个专用伸缩节，每根"WL-"立管的伸顶通气管管径与立管管径相同（$DN100$），设置高度为屋面以上 2000mm，顶端设 1 个伞形通气帽。在 1 层、2 层、3 层、5 层、7 层、9 层、11 层、13 层、15 层、18 层每层设 1 个检查口（距楼板面高度 1.0m）。

编号为 WL-A1、WL-B1、WL-C1、WL-A2、WL-B2、WL-C2 的 6 条管道在二层汇到主污水管 WL-1，然后通过出户管与室外检查井连接。WL-1 排水出户管的管径为 $DN200$，坡度 $i=0.001$，连接检查井处管口的管内底标高为 -1.600m。

编号为 WL-A1、WL-B1、WL-C1、WL-D1、WL-E1、WL-F1 的 6 条管道为厨房排水立管，其管径均为 $DN75$。每层横支管管径均为 $DN50$，接入点管内底距本层楼板面的距离为 300mm。每根立管每层均设 1 个专用伸缩节，每根"WL"立管的伸顶通气管管径与立管管径相同（$DN100$），设置高度为屋面以上 1000mm，顶端设 1 个伞形通气帽。在 1 层、2 层、3 层、5 层、7 层、9 层、11 层、13 层、15 层、18 层每层设 1 个检查口（距楼板面高度 1.0m）。

编号为 WL-D1、WL-E1、WL-F1、WL-D2、WL-E2、WL-F2 的 6 条管道在二层汇到主污水管 WL-2，然后通过出户管与室外检查井连接。WL-2 排水出户管的管径为 $DN200$，坡度 $i=0.001$，连接检查井处管口的管内底标高为 -1.600m。

本工程为高层建筑物，塑料排水管道管径 $\geqslant DN110$ 穿越楼层时均要求加设阻火圈。

建筑物地下部分污水排水一般采用压力式排水，就是集水坑加排污潜水泵的方式。地面以下污水一般有卫生器具排出污水和设备等渗漏的废水，卫生器具排出的污水集水坑还需考虑设置通气管。本工程地下室设有五处排水设施，即消防电梯下的集水坑（位于⑥~⑪轴和⑪/⑪~⑫轴间，尺寸为 $L \times B \times H = 1500\text{mm} \times 1200\text{mm} \times 2500\text{mm}$）、滤毒室旁的集水坑（位于⑥~⑪轴和⑩~⑪/⑪轴间，尺寸为 $L \times B \times H = 1000\text{mm} \times 1000\text{mm} \times 1000\text{mm}$）、消防水池旁的集水坑（位于⑥~⑧轴和⑦~⑧轴间，尺寸为 $L \times B \times H = 1500\text{mm} \times 1200\text{mm} \times 1500\text{mm}$）、洗消污水集水坑（位于⑥~⑧轴和⑱~㉒轴间，尺寸为 $L \times B \times H = 1000\text{mm} \times 1000\text{mm} \times 1000\text{mm}$）和楼梯间内集水坑（位于⑥~⑧轴和㉒~㉓轴间，尺寸为 $L \times B \times H = 1000\text{mm} \times 1000\text{mm} \times 1000\text{mm}$）五处。排污潜水泵排水管一般采用内外热镀锌钢管。图 6-14 为水泵房排水设施。水泵房中消防水池旁设有集水坑，水泵房地面标高 -5.000m，坑底标高 -6.000m，设排污潜水泵两台（水泵的运行参数：停泵水位 -5.700m，开单台水泵水位 -5.100m，开两台水泵水位 -5.000m），一备一用。排污潜水泵出水管管径为 $DN80$，穿剪力墙处管内底标高为 -1.600m，预埋防水套管（如Ⅱ型防水套管、详见国标 02S404 做法）应对照地下室给水排水平面图标注尺寸。在排水立管上分别安装了铜芯闸阀、止回阀（滑道滚球式排水专用单向阀）和橡胶接头。铜芯闸阀用于检修，止回阀（滑道滚球式排水专用单向阀）是为了防止污水倒灌，橡胶接头是为了减少水泵振动和噪声。其余排污潜水泵布置图可参考本集水坑中的排污潜水泵的安装、布置形式识读。

另外，污水排水展开系统原理图的识读应与建筑给水排水平面图、相对应的大样图、设计总说明、管道安装的技术规程等相结合，准确地预留各种洞口位置和大小，各层接出横支管的位置、大小和方向等。

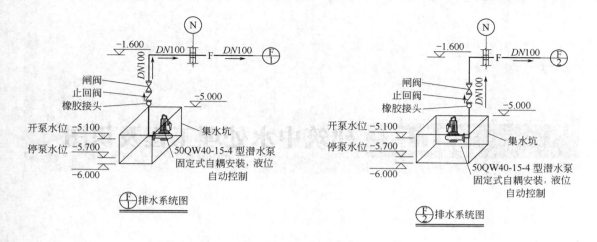

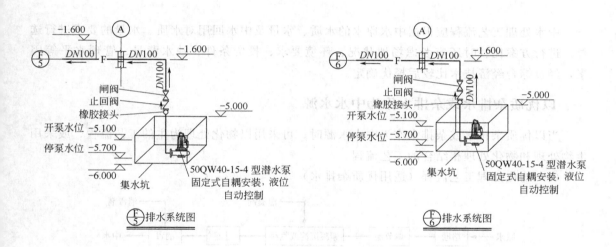

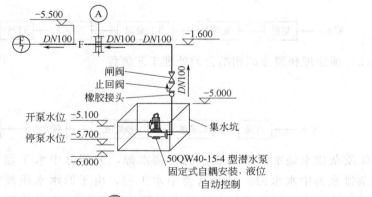

图 6-14　水泵房排水设施

第七章 建筑中水处理工程及识图

第一节 建筑中水处理工艺流程

中水处理工艺流程应根据中水原水的水质、水量及中水回用对水质、水量的要求进行选择。进行方案比较时还应考虑场地状况、环境要求、投资条件、缺水背景、管理水平等因素，经过综合经济技术比较后择优确定。

一、以优质杂排水或杂排水作为中水水源

当以优质杂排水或杂排水作为中水水源时，可采用以物化处理为主的工艺流程，或采用生物处理和物化处理相结合的工艺流程。

（1）物化处理工艺流程（适用优质杂排水）

（2）生物处理和物化处理相结合的工艺流程

（3）预处理和膜分离相结合的处理工艺流程

优质杂排水是中水系统原水的首选水源，大部分中水工程以洗浴、盥洗、冷却水等优质杂排水为中水水源。对于这类中水工程，由于原水水质较好且差异不大，处理目的主要是去除原水中的悬浮物和少量有机物，因此不同流程的处理效果差异并不大；所采用的生物处理工艺主要为生物接触氧化和生物转盘工艺，处理后出水水质一般均能达到中水水质标准。

二、以含有粪便污水的排水作为中水原水

当以含有粪便污水的排水作为中水原水时，宜采用二段生物处理与物化处理相结合的处理工艺流程。

（1）生物处理和深度处理相结合的工艺流程

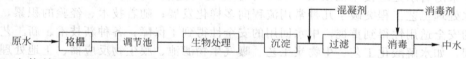

（2）生物处理和土地处理相结合的工艺流程

（3）曝气生物滤池处理工艺流程

（4）膜生物反应器处理工艺流程

随着水资源紧缺矛盾的加剧，开辟新的可利用的水源的呼声越来越高，以综合生活污水为原水的中水设施呈现增多的趋势。由于含有粪便污水的排水有机物浓度较高，这类中水工程一般采用生物处理为主且与物化处理结合的工艺流程，部分中水工程以厌氧处理作为前置处理单元强化生物处理工艺流程。上述工艺流程均有成功的实例，在应用中宜根据原水的浓度、中水回用用途、场地条件等选择适宜的处理流程。

三、利用污水处理站二级处理出水作为中水水源

利用污水处理站二级处理出水作为中水水源时，宜选用物化处理或与生化处理结合的深度处理工艺流程。

（1）物化法深度处理工艺流程

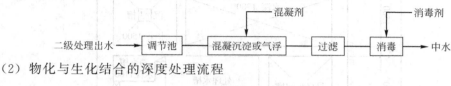

（2）物化与生化结合的深度处理流程

（3）微孔过滤处理工艺流程

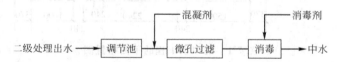

在确保中水水质的前提下，可采用耗能低、效率高、经过实验或实践检验的新工艺流程。

中水用于采暖系统补充水等用途，其水质要求高于杂用水，采用一般处理工艺不能达到相应水质标准要求时，应根据水质需要增加深度处理，如活性炭、超滤或离子交换处理等。

中水处理产生的沉淀污泥、活性污泥和化学污泥，当污泥量较小时，可排至化粪池处理，当污泥量较大时，可采用机械脱水装置或其他方法进行妥善处理。

近年来随着水处理技术的发展，大量中水工程的建成，多种中水处理工艺流程得到应用，中水处理工艺工程突破了几种常用流程向多样化发展；随着技术、经验的积累，中水处理工艺的安全适用性得到重视，中水回用的安全性得到了保障；各种新技术、新工艺应用于中水工程，如水解酸化工艺、生物炭工艺、曝气生物滤池、膜生物反应器、土地处理等，大大提高了中水技术水平，使中水工程的效益更加明显；大量就近收集、处理回用的小型中水设施的应用，促进了小型中水工程技术的集成化、自动化发展；国家相关技术规范的颁布，加速了中水工程的规范化和定型化，中水工程质量不断提高。

第二节　建筑中水工程施工图的主要内容

建筑中水工程的图纸主要有：中水收集系统图、工艺流程图、平面布置图、高程图、处

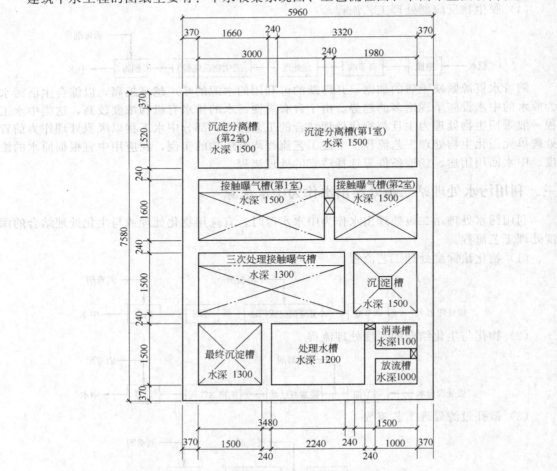

图 7-1　某中水工程的平面布置图

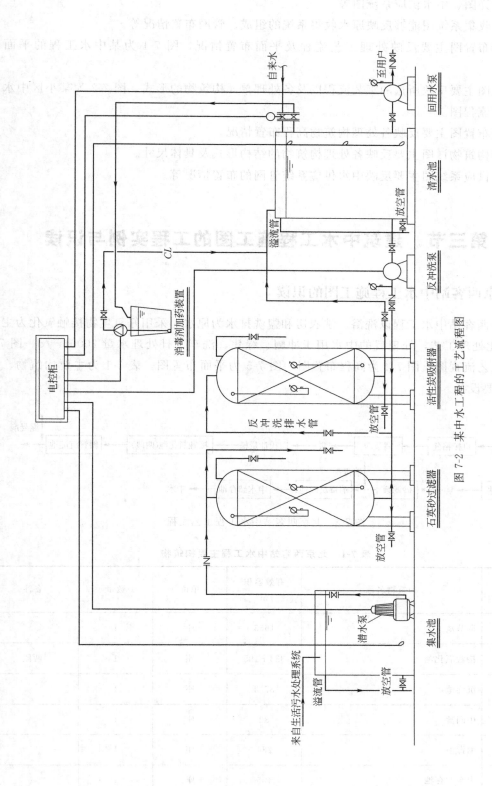

图 7-2　某中水工程的工艺流程图

理构筑物详图、中水供应系统图等。

原水收集系统图能够反映原水收集系统的组成、管网布置情况等。

平面布置图主要反映处理工艺流程及平面布置情况，图7-1为某中水工程的平面布置图。

工艺图主要反映所选的工艺流程以及各处理单元构筑物的形式，图7-2为某小区中水工程的工艺流程图。

高程布置图主要反映各处理构筑物高程布置情况。

处理构筑物详图主要反映各处理构筑物的结构形式及具体尺寸。

中水供应系统图主要反映中水供应系统管网的布置情况等。

第三节 建筑中水工程施工图的工程实例与识读

一、北京西客站中水工程施工图的识读

北京西客站中水工程以洗浴、洗衣房和盥洗排水为原水，采用好氧生物接触氧化为主的生物-物化处理工艺，处理后的中水用于冲厕、绿化、洗车。日处理水量 $2000m^3/d$。图7-3为处理工艺流程图，图7-4为高程布置图，图7-5为平面布置图，表7-1为主要构筑物，表7-2为主要设备。

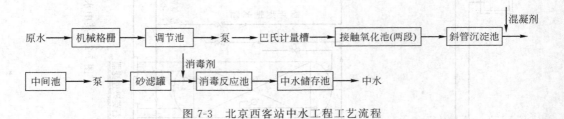

图7-3 北京西客站中水工程工艺流程

表 7-1 北京西客站中水工程主要构筑物

序号	构筑物名称	有效容积 /m³	单位	数量	备注
1	调节池	1653	座	1	
2	接触氧化池	333+195	座	1	两段
3	沉淀池	67.3	座	1	
4	中间池	82	座	1	
5	消毒池	284	座	1	
6	中水贮存池	405	座	1	

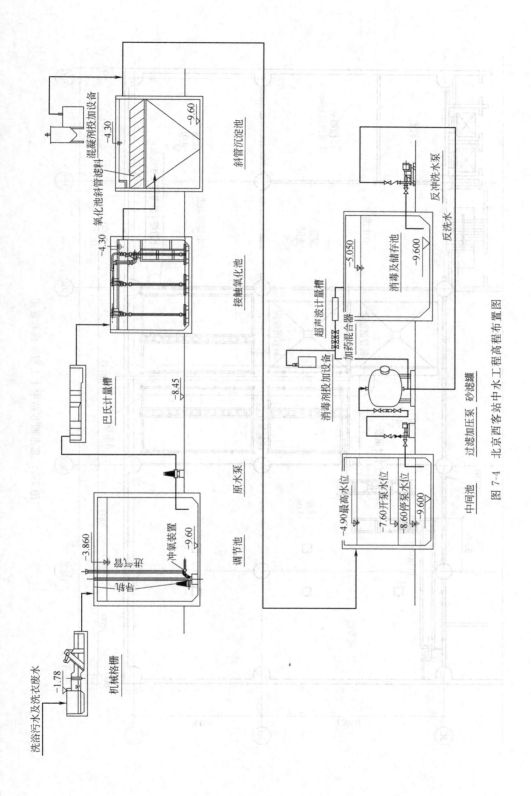

图 7-4　北京西客站中水工程高程布置图

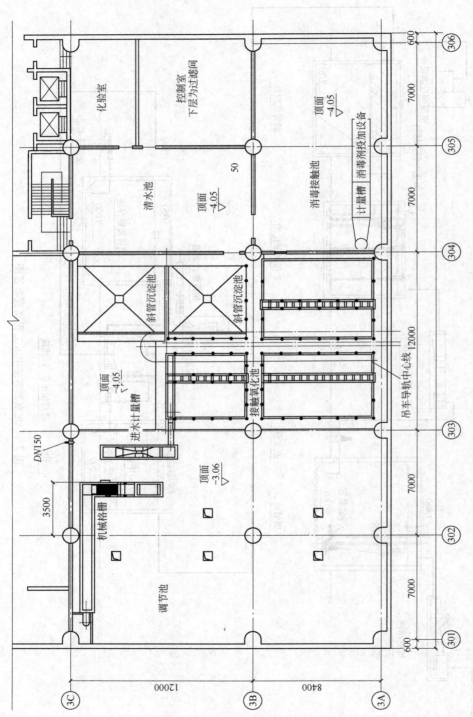

图 7-5　北京西客站中水工程平面布置图

表 7-2　北京西客站中水工程主要设备

序号	设 备 名 称	规格型号	单位	数量	备注
1	粗格栅	栅距 2.5mm	个	1	
2	机械格栅	BC-1400	台	1	
3	预曝气装置		套	5	特制
4	预曝气装置安装导轨	80GA	套	5	
5	巴氏计量槽		个	1	玻璃钢
6	超声波流量计	HBML-3	套	2	
7	流量计	LZB-100	套	3	
8	过滤罐	$\phi 2400 \times 3200$	个	3	特制
9	反洗泵	IS-150	台	1	
10	过滤泵	IS-80	台	4	
11	原水泵	GW150	台	2	
12	排污泵	AS75-2CB	台	2	
13	排污泵	WQ22-15	台	2	
14	排污泵安装导轨	100GA	套	2	
15	混凝剂投加设备	TY-AL-1300	套	1	特制不锈钢
16	消毒剂投加设备	TY-CL-200	套	1	特制
17	水下曝气装置		套	6	特制
18	配电柜	$800 \times 1800 \times 450$	套	3	特制
19	工艺流程模拟及报警显示盘	2400×800	套	1	特制

从图 7-3～图 7-5 可以看出，北京西客站中水工程采用的是以好氧生物接触氧化为主的生物-物化处理工艺。洗衣、洗浴等废水由三个来源合并一处后，首先经机械格栅捞除毛发及漂浮物，然后废水进入调节池，池内设曝气器，防止污水腐败变臭并均化水质。用提升泵将调节池中的污水提升，经超声波流量计计量后流入两段接触氧化池，生物接触氧化是去除污水中有机物的主要手段。接触氧化池的出水进入沉淀池，去除填料上脱落下来的生物膜。沉淀出水流入中间水池，该水池为过滤泵稳定运行和必要时投加混凝剂混合而设。中间池出水经加压泵送至过滤器过滤，进一步去除沉淀池出水中残留的悬浮物，过滤出水加氯消毒后在消毒池中反应后进入中水贮存池，中水供应系统按要求送至各中水用水点。

从图 7-4 可以确定整个处理系统的平面布置情况和各构筑物的具体平面位置；从图 7-5 可以看出各构筑物的高层布置情况；从表 7-1 和表 7-2 可以看出主要构筑物的容积及主要设备的规格型号。

二、中央民族大学中水工程施工图的识读

中央民族大学中水工程以洗浴排水为原水，采用以生物接触氧化为主的生物与物化相结合的处理方法，处理后的中水用于学生公寓冲厕、绿化草坪。日处理水量 240m³/d。图 7-6 为处理工艺流程图，图 7-7 为高程布置图，图 7-8 为平面布置图，表 7-3 为主要构筑物，表 7-4 为主要设备。

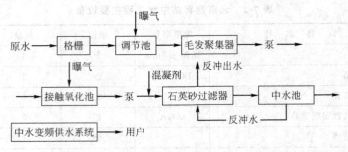

图 7-6　中央民族大学中水工程工艺流程框图

表 7-3　中央民族大学中水工程主要构筑物

序号	构筑物名称	规格型号/m	有效容积/m³	单位	数量	备　注
1	调节池	12×5×2.5	120	座	1	钢筋混凝土
2	一级接触氧化池	3.9×2.8×1.7	14.5	座	1	钢筋混凝土
3	二级接触氧化池	2.8×2.8×1.7	10.5	座	1	钢筋混凝土
4	中间水池	2.8×0.6×1.7	2.5	座	1	钢筋混凝土
5	中水池	5×2.8×1.7	20	座	2	钢筋混凝土

表 7-4　中央民族大学中水工程主要设备

序号	设 备 名 称	规格型号	单位	数量	备注
1	格栅	400mm×300mm	个	1	
2	射流式水下曝气机	WHSL-22	台	4	
3	提升泵	50ZW10-20	台	2	
4	毛发聚集器	WMF-300	台	1	快开式
5	加药装置	JYG-0.2	套	2	计量泵投加
6	石英砂过滤器	WSL-1200	座	1	玻璃钢
7	射流式水下曝气机	WHSL-37	台	1	
8	加压泵	AS30-2CB	台	2	
9	反冲洗泵	1L80-65-125	台	1	
10	中水供水泵	40LG12-15×3	台	2	变频

　　从图 7-6～图 7-8 可以看出，中央民族大学中水工程采用以生物接触氧化为主的生物与物化相结合的处理方法。洗浴废水首先经机械格栅去除漂浮物，然后废水进入调节池，池内设曝气器，防止污水腐败变臭并均化水质，经过毛发聚集器后，用提升泵将污水提升进入两段接触氧化池。接触氧化池的出水加药混合后进入石英砂过滤器，过滤后的水进入中水贮存池，中水供应系统按要求送至各中水用水点。

　　从图 7-7 可以看出各构筑物的高层布置情况，从图 7-8 可以确定整个处理系统的平面布置情况和各构筑物的具体平面位置；从表 7-3 和表 7-4 可以看出主要构筑物的容积及主要设备的规格型号。

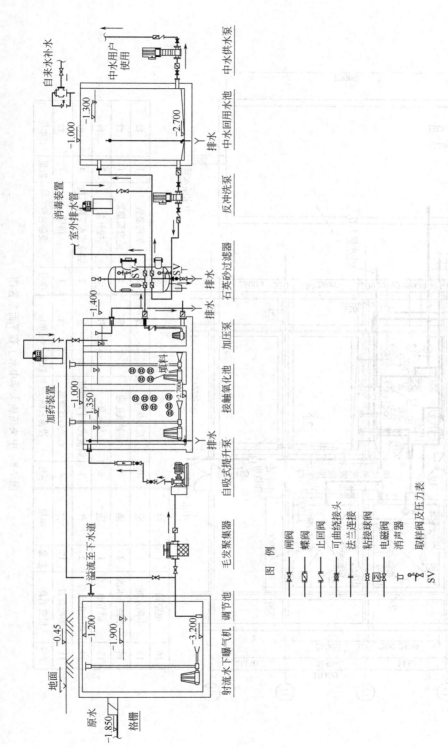

图 7-7 中央民族大学中水工程高程布置图

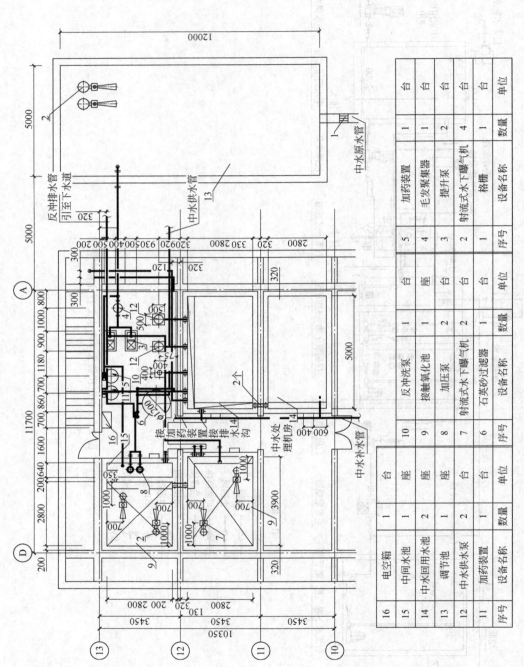

图 7-8 中央民族大学中水工程平面布置图

序号	设备名称	数量	单位
1	格栅	1	台
2	射流式水下曝气机	4	台
3	提升泵	2	台
4	毛发聚集器	1	台
5	加药装置	1	台

序号	设备名称	数量	单位
6	石英砂过滤器	1	台
7	射流式水下曝气机	2	台
8	加压泵	2	台
9	接触氧化池	1	座
10	反冲洗泵	1	台

序号	设备名称	数量	单位
11	加药装置	1	台
12	中水供水泵	2	台
13	调节池	1	座
14	中水回用水池	2	座
15	中间水池	1	座
16	电控箱	1	台

第八章　建筑给水排水工程常见详图

建筑给水排水工程平面图和建筑给水排水工程系统图的比例较小，管道附件、设备、仪表及特殊配件等不能按比例绘出，常常用图例来表示。因此，在建筑给水排水工程平面图和建筑给水排水工程系统图中，无法详尽地表达管道附件、设备、仪表及特殊配件等的式样和种类。为了解决这个问题，在实际工程中，往往要借助于建筑给水排水工程详图（建筑给水排水工程的安装大样图）来准确反映管道附件、设备、仪表及特殊配件等的安装方式和尺寸。

建筑给水排水工程详图有两类：

（1）由设计人员绘制出　当没有标准图集或有关的详图图集可以利用时，设计人员应绘制出建筑给水排水工程详图，依此作为施工安装的依据。

（2）引自有关标准图集　为了使用方便，国家相关部门编写了许多有关给水排水工程的标准图集或有关的详图图集，供设计或施工时使用。一般情况下，管道附件、设备、仪表及特殊配件等的安装图，可以直接套用给水排水工程国家标准图集或有关的详图图集，无需自行绘制，只需注明所采用图集的编号即可，施工时可直接查找和使用。

在建筑给水排水工程施工图中常见的详图主要有卫生间布置详图、厨房与阳台布置详图、管道井布置详图、排污潜水泵布置详图、水箱布置详图、水池与泵房布置详图等。

第一节　安装节点详图

如图 8-1 所示为某小区管网节点详图，图中详细标明了管道节点的连接方法及管道的直

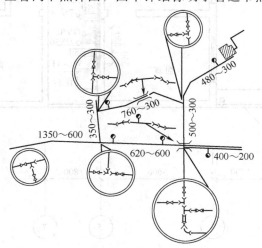

图 8-1　管网节点详图

径、消火栓的安装位置等内容。

第二节　卫生间、厨房与阳台布置详图

卫生器具的布置与敷设应根据使用场所的平面尺寸、所需选用的卫生器具类型和需要布置卫生器具的情况确定。既要考虑使用方便，又要考虑管线短，排水通畅，便于维护。

图 8-2 为某建筑物中 B 户型与 C 户型卫生间、厨房平面详图。B 户型与 C 户型卫生间内主要卫生器具有台式洗脸盆、坐式大便器；厨房内主要卫生器具有洗涤池（盆）；阳台主要卫生器具为洗衣机。在平面详图中，可以确定各卫生器具布置与排水管口的预留洞位置，如台式洗脸盆、坐式大便器、洗涤池（盆）与洗衣池等放置的具体位置；台式洗脸盆、坐式大便器、洗涤池（盆）与地漏排水管口的预留洞位置。

图 8-3 为 B 户型与 C 户型卫生间、厨房与阳台给水支管轴测图。从图中可以看出给水支管的走法与安装高度。

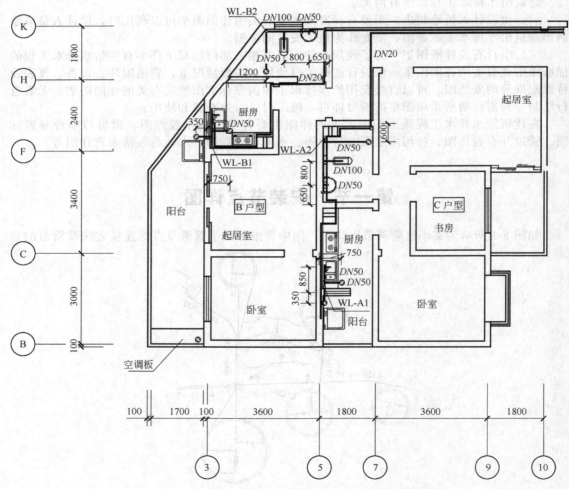

图 8-2　B 户型、C 户型卫生间、厨房与阳台管道平面详图

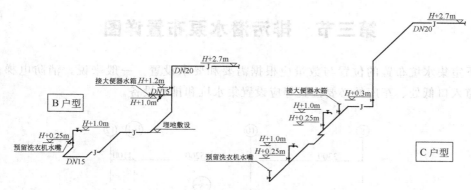

图 8-3　B 户型、C 户型卫生间、厨房与阳台给水支管轴测图

B 户型卫生间中给水支管［DN20 沿走道顶板梁下走，入户后沿墙内向下至卫生间楼板面 1.0m（H＋1.0m）］接向卫生间内各用水点。第一分支管（DN15）接台式洗脸盆［安装高度距楼板面 1.0m（H＋1.0m）］，然后接坐式大便器（大便器未安装，故预留给水管）；第二分支管（DN15）埋地敷设至厨房后，接厨房洗涤池（盆）［龙头安装高度距楼板面 1.0m（H＋1.0m）］，然后接洗衣机给水管（预留）。

C 户型卫生间中给水支管（DN20）沿走道顶板梁下走，入户后沿墙内向下至卫生间楼板面后埋地敷设，向卫生间内各用水点布置，第一分支管（DN15）接坐式大便器（大便器未安装，故预留给水管）；第二分支管（DN15）接台式洗脸盆［安装高度距楼板面 1.0m（H＋1.0m）］，支管埋地敷设至厨房；第三支管接厨房洗涤池（盆）［龙头安装高度距楼板面 1.0m（H＋1.0m）］；第四支管接厨房洗涤池（盆）［龙头安装高度距楼板面 1.0m（H＋1.0m）］。

图 8-4 为 B 户型与 C 户型卫生间、厨房与阳台排水支管轴测图。编号为"WL-B1"和"WL-C1"的排水立管分别为 B 户型和 C 户型厨房内的排水立管，厨房排水立管管径为 DN75，厨房排水支管管径为 DN50，排水支管在距楼板面 300mm 处与排水立管连接，在排水支管上设 1 个 DN50 的带"S"弯（"S"弯设在楼板面上）的排水管口，另设 1 个 DN50 的地漏。另外，"WL-B1"管道上设 1 个 DN50 的洗衣机插口地漏。

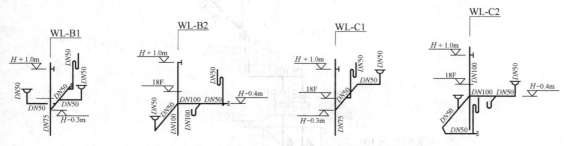

图 8-4　B 户型、C 户型卫生间、厨房与阳台排水支管轴测图

编号为"WL-B2"和"WL-C2"的管道为 B 户型和 C 户型卫生间的排水立管（DN100），排水支管在距楼板面 400mm 处与排水立管连接，在排水支管上设有台式洗脸盆 1 个，坐式大便器 1 个，DN50 的地漏 1 个。台式洗脸盆设 1 个 DN50 带"S"弯（"S"弯设在楼板面上）的排水管口，坐式大便器设 1 个 DN110 排水管口，台式洗脸盆至坐式大便器之间的支管管径为 DN50，坐式大便器至排水立管之间的支管管径为 DN110。

第三节　排污潜水泵布置详图

地下室集水坑布置的位置与数量应根据需要和要求设置。一般来说，消防电梯、水泵房、车道入口低处、车库的必要位置等应设置集水坑和排水设备。

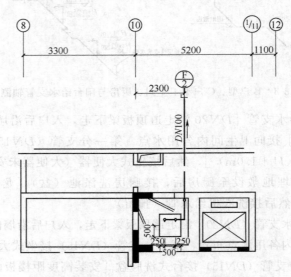

图 8-5　地下室 F2 集水坑排污潜水泵平面图

图 8-5 为某建筑物中地下室 F2 集水坑排污潜水泵平面图。集水坑尺寸为 1000mm（长）×1000mm（宽）×1200mm（深），在集水坑内设置 2 台排污潜水泵（型号 50QW40-15-4），并有定位尺寸。

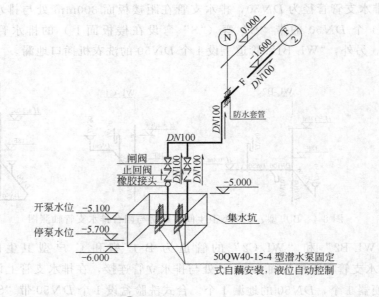

图 8-6　地下室 F2 集水坑排污潜水泵轴测图

图 8-6 为地下室 F2 集水坑排污潜水泵轴测图，在集水坑内设有控制排污潜水泵开、停的水位和开双泵的水位（报警水位），每台排污潜水泵通过 $DN100$ 排水管排往室外检查井，$DN100$ 排水管为内外热镀锌钢管，$DN100$ 排水立管上接有 1 个橡胶接头（隔振）、1 个滑道滚球式排水专用单向阀（防止倒灌）和 1 个铜芯闸阀（检修用，安装高度为距地下室地面 1.000m）。$DN100$ 排水管穿地下室边墙处应设置防水套管，防水套管水平距离距 10 轴 2.300m，管内底标高为 -1.600m。

第四节　水箱间布置详图

水箱按储水的类型分为生活、生产和消防等水箱；按制造的材料分为成品水箱（钢板、不锈钢和玻璃钢等）和钢筋混凝土现场制作的水箱。

在识读水箱布置详图时，应主要注意以下几点：

① 水箱进水管、出水管、泄水管、溢水管、透气管等平面位置、标高、管径；

② 管道上阀门等设置情况；

③ 水箱最高水位、最低水位、消防储备水位及贮水容积等。

图 8-7 为某建筑屋面水箱管道布置平面图。从图中可以看出：水箱储水容量 $20m^3$。水箱所在的屋面标高为 64.000m，水箱内底标高为 64.600m。水箱上主要管道有：进水管编号为 "JL-1'"（$DN50$）；自动喷水灭火系统供水管编号为 "HL-0'"（$DN100$）；室内消火栓系统供水管编号为 "XL-2" 的（$DN150$）；放空管和溢流管管径均为 $DN50$。编号为 "JL-1'" 的进水管分成 2 根从水箱侧面进入，第 1 根（$DN50$）距水箱内侧壁 1200mm，第 2 根（$DN50$）与第 1 根距离为 600mm；溢流管（$DN50$）距水箱另侧内壁 300mm，放空管（$DN50$）水平方向上距溢流管 300mm，溢流管末端设有 1 个防虫网罩。自动喷水灭火系统

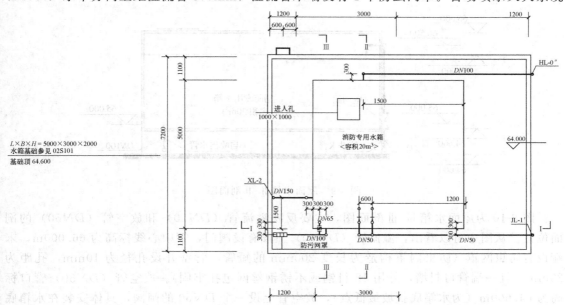

图 8-7　屋面水箱管道布置平面图

出水管设在水箱的中线上，距侧壁 1500mm。室内消火栓系统出水管（DN150）设在距水箱内壁（设有溢流管侧）1500mm 处。水箱面上设有 1 个 1000mm×1000mm 的进人孔。

图 8-8 为屋面水箱Ⅰ-Ⅰ剖面图。从图中可以看出：水箱放置屋面标高为 64.000m，水箱内底标高为 64.600m，水箱顶板面标高为 66.600m；消防水位标高为 66.000m（开启电动进水阀的水位）；水箱的最高水位 66.400m、最低水位 65.000m、消防储备水位 66.200m，喷淋出水管（DN100）与消火栓出水管（DN150）管底标高为 65.000m，放空管（DN50）管口标高与水箱内底标高相同（64.600m），溢流管（DN50）管中心线标高为 66.400m，2 根进水管（DN50）管中心线标高为 66.500m。自动喷水灭火系统出水管（DN100）的剖面图，出水管管口标高为 65.000m。

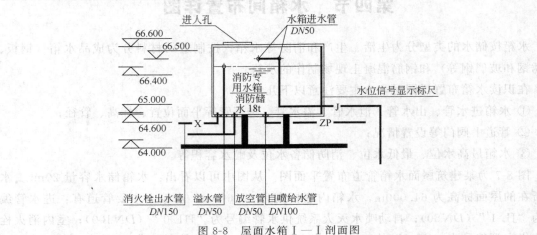

图 8-8　屋面水箱Ⅰ—Ⅰ剖面图

图 8-9 为屋面水箱Ⅱ-Ⅱ剖面图，主要反映进水管（DN50）的剖面位置。从图中可以看出：进水管从标高 66.500m 处穿入水箱侧壁（设防水套管），2 根进水管（DN50）管中心线标高为 66.500m。进水管上电动阀的安装高度为 65.000m。

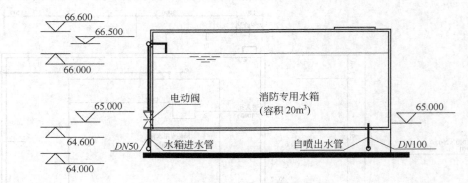

图 8-9　屋面水箱Ⅱ-Ⅱ剖面图

图 8-10 为屋面水箱Ⅲ-Ⅲ剖面图，主要反映溢流管（DN50）和放空管（DN50）的剖面位置。从图中可以看出：溢流管（DN50）上没有设阀门，管中心线标高为 66.000m，末端设有防虫网罩（防虫网罩构造为长度 200mm 的短管，管壁开设孔径为 10mm，孔距为 20mm，且一端管口封堵，外用 18 目铜或不锈钢丝网包扎牢固）。放空管（DN50）管口标高为 64.600m（为水箱底找坡最低点），放空管上设一个 DN50 的闸阀，具体安装在水箱底架空部分水平管段上。

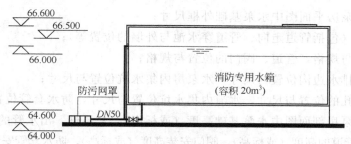

图 8-10 屋面水箱Ⅲ-Ⅲ剖面图

第五节 水池与泵房布置详图

建筑给水排水施工图中的水池与水泵房内设备布置较复杂、管道交叉较多，一般应用局部详图来表示。在识读水池和水泵房的布置详图时，应注意以下几点：

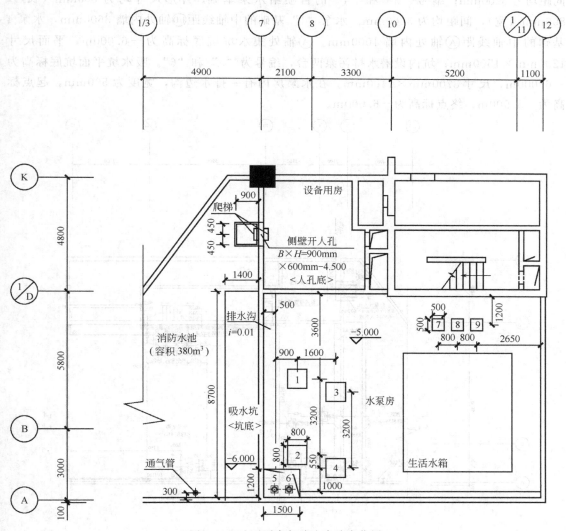

图 8-11 地下泵房与消防水池定位图

① 水池和水泵房平面图中水泵基础外框尺寸；

② 管道位置（包括管道走向、管道穿水池与外墙的位置等）；

③ 设备型号与规格，管道、阀门的位置与规格；

④ 水泵房内排水边沟位置与尺寸，水泵房内集水坑位置与尺寸；

⑤ 水池进人孔的位置与尺寸，水池内集水坑位置与尺寸，防水套管位置与尺寸；

⑥ 水池和水泵房剖面图中水泵基础高度（或标高），水泵进、出水管的高度（或标高）；

⑦ 水池各种管道的高度（或标高），阀门安装高度（或标高），防水套管安装高度（或标高）；

⑧ 其他相关设施位置与尺寸，其他相关设施安装高度（或标高）等。

识读水池和水泵房的布置详图时还应注意识读设计说明与主要设备材料表的内容。

图 8-11 为地下泵房与消防水池定位图。从图中可以看出：水泵房地面标高为 −5.000m。水泵房内 Ⓚ～Ⓐ 轴之间有：1 个消防水池进人孔，坑底标高为 −6.000m，平面尺寸 900mm×900mm；编号 "1" 和 "2" 的消火栓水泵基础，外形尺寸均为 800 mm（长）×800mm（宽），间距均为 3200mm；编号 "3" 和 "4" 的自喷给水泵基础，外形尺寸均为 800mm（长）×800mm（宽），间距均为 3200mm。水泵 "1" 基础的中轴线距 ⑦ 轴处内墙 3600mm，水泵 4 基础的中轴线距 Ⓐ 轴处内墙 1000mm。Ⓐ 轴处集水坑坑底标高为 −6.000m，平面尺寸 1200mm×1500mm；坑内设潜水排污泵两台，编号为 "5" 和 "6"。吸水坑平面坑底标高为 −6.000m，尺寸 8700mm×1400mm。在水泵房内有一排水边沟，宽度为 500mm，起点标高为 −5.900m，终点标高为 −6.000m。

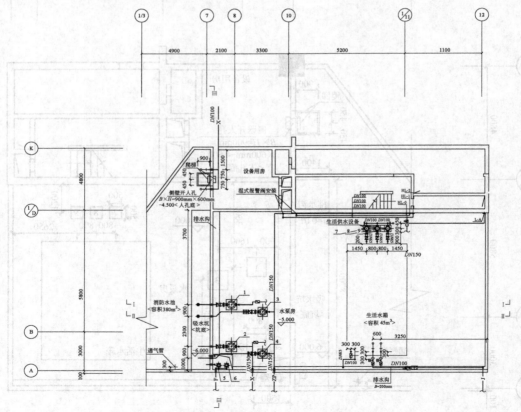

图 8-12　地下泵房与消防水池平面布置图

泵房内设有生活给水水箱一个，容积为45m³，水箱底标高为－5.500m，水箱最低水位为－5.400m，水箱的最高水位为－3.400m。水箱旁设有生活给水设备3台，编号为"7"、"8"和"9"，生活给水设备的基础外形尺寸均为500mm×500mm，基础间轴线间距为800mm。在消防水池识图时，应注意消防水池地面标高为－5.500m，消防水池中吸水坑的坑底标高为－6.000m。

图8-12为地下泵房与消防水池平面布置图。识读水池和水泵房的布置详图时首先先结合图纸看图面主要设备表与相关说明。表8-1、表8-2和表8-3为地下泵房与消防水池平面布置图中的设备表。表8-1为消防水泵性能表，编号"1"、"2"为室内消火栓增压泵（两台，一用一备），编号"3"、"4"为自动喷淋增压泵（两台，一用一备）；表8-2为排污潜水泵性能表，编号"5"、"6"为地下室设有集水坑与排污潜水泵，每处两台排污潜水泵，一用一备；表8-3为供水装置性能表。

表 8-1　消防水泵性能表

编号	名　称	型　号	功率 /kW	水泵流量 /(m³/h)	水泵扬程 /m	水泵转速 /(r/min)	备　注
1、2	室内消火栓增压泵	100XDL-5	45	72～126	109～85	1450	（一用一备）
3、4	自动喷淋增压泵	100XDL-5	45	72～126	109～85	1450	（一用一备）

表 8-2　排污潜水泵性能表

编号	名　称	型　号	功率 /kW	水泵流量 /(m³/h)	水泵扬程 /m	水泵转速 /(r/min)	备　注
5、6	排污潜水泵	50QW40-15-4	4	40	15	1440	10 台（五用五备）

表 8-3　供水装置性能表

编号	型 号 规 格	设备流量 /(m³/h)	设备扬程 /m	设备功率 /kW	设备重量 /kg
7、8、9	TF/GZ-16-80-3.0×2	20	48	2×3.0	200

在识读地下泵房与消防水池平面布置图（图8-12）时，主要识读管道与防水套管设置位置、尺寸、管径大小。首先要结合主要设备表与图面上的相关说明对水泵房内的设备有一个总体的了解，然后从上到下、从左到右识读。

从图8-12中可以看出：标有"X"的消防给水管引自室外消防环状管网，引入管管径为$DN100$，分2根进380m³的消防水池，在消防水池内设有2个小孔式浮球阀，第1根进水管与上边墙内侧距离为1500mm，第2根进水管与第1根进水管距离为1500mm。消防水池溢流管管径为$DN150$，溢流管与第2根进水管距离为1500mm。消防水池的两根进水管间设有进人孔，平面尺寸900mm×900mm，进人孔设有爬梯，并在侧壁上开人孔900mm×600mm（H）。

两台编号为"1"、"2"的室内消火栓增压泵，伸入消防水池的吸水管管径为$DN200$，第1根吸水管与1/D轴平面距离为3700mm，第2根吸水管与第1根吸水管平面距离为3200m。室内消火栓增压泵出水管（$DN100$）与编号为"X"的横干管（$DN150$）连接。

室内消火栓系统的横干管在地下室内形成环状管网，并与设置于室外的四个消防水泵结合器连接。应该注意的是，所有穿越外侧剪力墙与消防水池池壁的管道均应预埋防水套管；在消防系统上使用的闸阀，除了信号闸阀，均为明杆铜芯闸阀。

两台编号为"3"、"4"的自动喷淋增压泵，通过管径为 $DN200$ 的吸水管与消防水池相连，编号"3"的水泵的吸水管与编号"4"的水泵的吸水管的平面距离为 3200mm，编号"4"的水泵的吸水管与Ⓐ轴平面距离为 1000mm。自动喷淋增压泵出水管（$DN150$）与横干管（$DN150$）连接，连接处两侧设置闸阀（$DN150$），共有 3 个闸阀。横干管在地下室内与两个湿式报警阀相连接，湿式报警阀为 ZSS150 型，分别向高低区的喷淋系统供水。在管道井中横干管与编号为"HL-0"的屋顶消防水箱喷淋系统出水管连接。

在Ⓐ轴处的集水坑坑底标高为 −6.000m，平面尺寸 1200mm×1500mm，在消防水箱吸水坑的侧壁设有放空管和溢流管（标高），管径均为 $DN100$，放空管在水泵房内设有 1 个闸阀。

编号为 J 的生活给水管引自室外环状管网，引入管的管径为 $DN100$，分 2 根进入生活水箱，在水箱内设有 2 个小孔式浮球阀，第 1 根进水管与⑫轴（墙轴线）的距离为 3250mm，第 2 根进水管与第 1 根进水管距离为 600mm。生活水箱设有溢流管（管径为 $DN100$）、放空管（管径为 $DN100$）。生活给水设备 7、8、9（接至生活水箱）的进水管（管径为 $DN65$），生活给水设备的出水管为 $DN100$，生活给水设备的出水管在主管道井内与 JL-A 连接。

图 8-13 为地下泵房与消防水池Ⅰ-Ⅰ剖面图。主要为室内消火栓增压泵安装剖面图。从图中可以看出：室内消火栓增压泵 $DN200$ 的吸水管伸入消防水池，然后伸至集水坑内。吸水管头部加设喇叭口，喇叭口（标高为 −5.800m）距集水坑底（标高为 −6.000m）为 200mm。吸水管消防水池壁处设 1 个防水套管（一般比管径大一、二级）。吸水管出消防水池壁后的管段上设有 1 个明杆铜芯闸阀（$DN100$）和 1 个橡胶接头（$DN100$，橡胶接头直接通过法兰与水泵连接）。水泵基础高出泵房地面 150mm，橡胶接头 95mm。水泵吸水口安装高度距水泵房地面 450mm（标高为 −4.550m），水泵出水口（$DN100$）高度距泵房地面为 900mm（标高为 −4.100m）。水泵出水口经三通接口后，一端向下接一短管（$DN70$），短管上安装 1 个 $DN70$ 的明杆铜芯闸阀，作为试水口；三通中间处设 1 个压力表（压力等级 0～1.6MPa）；另一端（$DN150$）向上接 1 个橡胶接头（$DN150$）、1 个防水锤消声止回

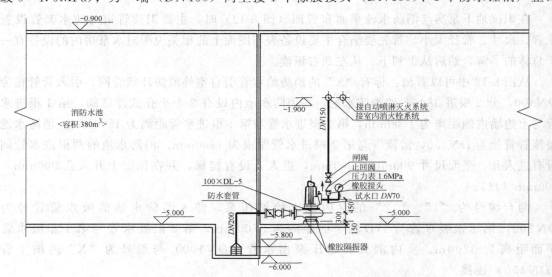

图 8-13　地下泵房与消防水池Ⅰ-Ⅰ剖面图

阀（DN150）、1个 DN150 明杆铜芯闸阀，通过 DN150 的管道与设在标高-1.900m 的横干管（DN150）连接。

图 8-14 为地下泵房与消防水池 II-II 剖面图，主要为自动喷淋系统增压泵安装剖面图，内容参见图 8-13 识读。

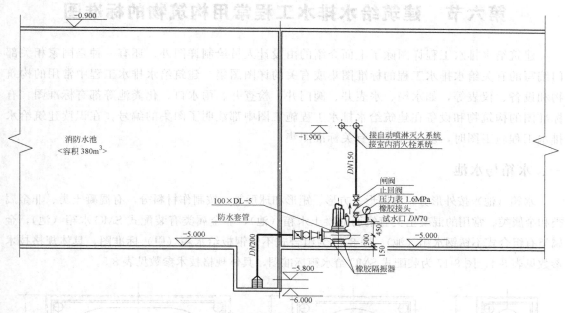

图 8-14 地下泵房与消防水池 II-II 剖面图

图 8-15 为地下泵房与消防水池 III-III 剖面图。主要为消防水池进水管安装剖面图，识读时参见图 8-13。DN100 进水管穿水泵房外墙后，在标高-1.900m 处，分成两根 DN100 支管，每根支管上设 1 个 DN100 明杆铜芯闸阀，闸阀安装标高为-1.900m。支管在标高-1.900m 处穿入消防水池壁（此处设有防水套管），在水池内设有 2 个 DN100 小孔式浮球阀。从此剖面还可以看出水泵房排污潜水泵的安装情况，DN80 明杆铜芯闸阀安装标高为-4.000m，2 根

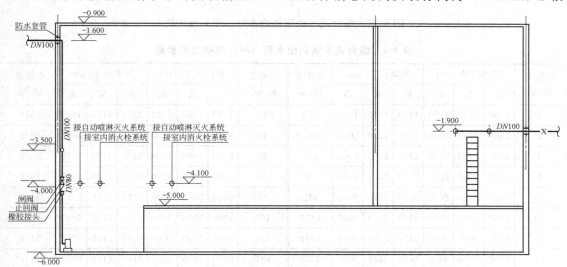

图 8-15 地下泵房与消防水池 III-III 剖面图

DN80 出水管合并处标高为 −3.500m，合并后出水管 DN100 在标高 −1.600m 穿水泵房外墙（此处设有防水套管）。

第六节　建筑给水排水工程常用构筑物的标准图

建筑给水排水工程详图除了上面介绍的由设计人员绘制详图外，还有一种是国家相关部门编写的有关给水排水工程的标准图集或有关的详图图集。建筑给水排水工程中常用的构筑物和设备、仪表等，如水箱、水表井、阀门井、检查井、雨水口、化粪池等都有标准图。有标准图的构筑物和设备在建筑给水排水工程施工图中都注明了图集的编号，在识读建筑给水排水工程施工图时，应仔细查阅有关标准图集。

一、水箱与水池

水箱（池）按外形分，有圆形、方形、矩形和球形等；按制作材料分，有混凝土类、非金属类和金属类。常用的混凝土类有钢筋混凝土水箱（池），非金属类有装配式 SMC 水箱（池），金属类有组合式不锈钢水箱（池）。图 8-16 为组合式不锈钢板给水箱（甲）标准图，具体规格技术参数见表 8-4；图 8-17 为装配式 SMC 给水箱标准图，具体规格技术参数见表 8-5。

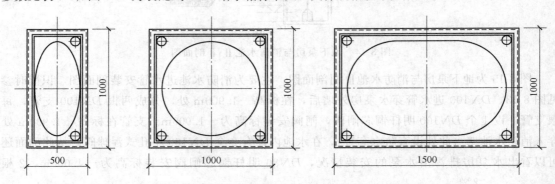

图 8-16　组合式不锈钢板给水箱（甲）标准图

表 8-4　组合式不锈钢板水箱（甲）规格技术参数

公称容积/m³	箱体尺寸/mm			外形尺寸/mm			本体重量/kg	公称容积/m³	箱体尺寸/mm			外形尺寸/mm			本体重量/kg
	长	宽	高	长	宽	高			长	宽	高	长	宽	高	
1	1000	1000	1000	1170	1170	1085	143	32	4000	4000	4000	4170	4170	4085	1914
2	2000	1000	1000	2170	1170	1085	237	40	5000	4000	4000	5170	4170	4085	2302
4	2000	2000	2000	2170	2170	1085	390	48	6000	4000	4000	6170	4170	4085	2672
8	2000	2000	2000	2170	2170	2085	667	75	5000	5000	5000	5170	5170	5085	3689
12	3000	2000	2000	3170	2170	2085	912	90	6000	5000	5000	6170	5170	5085	4267
16	4000	2000	2000	4170	2170	2085	1155	105	7000	5000	5000	7170	5170	5085	4842
18	3000	3000	3000	3170	3170	3085	1219	120	8000	5000	5000	8170	5170	5085	5418
24	4000	3000	3000	4170	3170	3085	1525	144	8000	6000	6000	8170	6170	6085	6258
30	5000	3000	3000	5170	3170	3085	1832	180	10000	6000	6000	101 70	6170	6085	7584

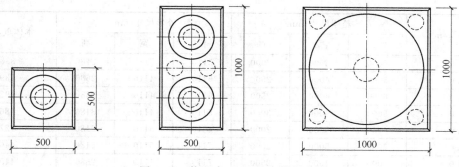

图 8-17 装配式 SMC 给水箱标准图

表 8-5 装配式 SMC 给水箱规格技术参数

公称容积/m³	箱体尺寸/mm			外形尺寸/mm			本体重量/kg
	长	宽	高	长	宽	高	
1.0	1000	1000	1000	1110	1110	1180	238
3.0	2000	1500	1000	2110	1610	1180	535
3.0	2000	1000	1500	2110	1110	1680	495
5.0	2500	1000	2000	2610	1110	2180	704
5.0	2500	2000	1000	2610	2110	1180	755
7.5	2500	2000	1500	2610	2110	1680	936
7.5	2500	1500	2000	2610	1510	2180	927
10.0	2500	2000	2000	2610	2110	2180	1053
10.0	4000	1000	2500	4110	1110	2680	1245
12.0	3000	2000	2000	2110	2110	2180	1159
12.0	2000	2000	3000	2110	2110	3180	1237
15.0	3000	2500	2000	3110	2610	2180	1405
15.0	3000	2000	2500	3110	2110	2680	1421
18.0	3000	3000	2000	3110	3110	2180	1537
20.0	4000	2500	2000	4110	2610	2180	1755
20.0	4000	2000	2500	4110	2110	2680	1776
22.5	4500	2500	2000	4610	2610	2180	1991
22.5	4500	2000	2500	4610	2110	2680	2011
25.0	5000	2500	2000	5110	2610	2180	2117
25.0	4000	2500	2500	4110	2610	2680	2129
27.0	4500	3000	2000	4610	3110	2180	2169
28.0	4000	3500	2000	4110	3610	2180	2267
30.0	4000	3000	2500	4110	3110	2680	2208
32.0	4000	4000	2000	4110	4110	2180	2383
35.0	5000	3500	2000	5110	3610	2180	2658
35.0	4000	3500	2500	4110	3610	2680	2664
37.5	5000	2500	3000	5110	2610	3180	2905
37.5	5000	3000	2500	5110	3110	2680	2765
40.0	5000	4000	2000	5110	4110	2180	2843
40.0	4000	4000	2500	4110	4110	2680	2855
45.0	6000	3000	2500	6110	3110	2680	3215
45.0	5000	3000	3000	5110	3110	3180	3175

续表

公称容积/m³	箱体尺寸/mm			外形尺寸/mm			本体重量/kg
	长	宽	高	长	宽	高	
50.0	5000	5000	2000	5110	5110	2180	3389
50.0	5000	4000	2500	5110	4110	2680	3395
60.0	6000	4000	2500	6110	4110	2680	2925
60.0	5000	4000	3000	5110	4110	3180	3868
65.0	6500	5000	2000	6610	5110	2180	4279
70.0	7000	5000	2000	7110	5110	2180	4462
70.0	7000	4000	2500	7110	4110	2680	4452
80.0	8000	4000	2500	8110	4110	2680	4987
80.0	8000	5000	2000	8110	5110	2180	5078
100.0	8000	5000	2500	8110	5110	2680	5380
105.0	7000	5000	3000	7110	5110	3180	5675
120.0	8000	6000	2500	8110	6110	2680	6748
120.0	10000	4000	3000	10110	4110	3180	6617
150.0	10000	5000	3000	10110	5110	3180	8006
150.0	10000	6000	2500	10110	6110	2680	8158
160.0	10000	8000	2000	10110	8110	2180	12410
160.0	8000	8000	2500	8110	8110	2680	12457
180.0	10000	9000	2000	10110	9110	2180	12590
180.0	9000	8000	2500	9110	8110	2680	12676
180.0	10000	6000	3000	10110	6110	3180	12340
200.0	10000	10000	2000	10110	10110	2180	12866
200.0	10000	8000	2500	10110	8110	2680	12470

注：水箱重量为含型钢底架重量。

二、阀门井

阀门井用于安装阀门，起保护阀门和维护管理的作用。在识读阀门井施工图时，主要了解阀门的尺寸、材质、施工方法，而且要看清阀门的型号、口径及接管方法等。如图 8-18 为 DN100 地面操作阀门的砖砌圆形立式阀门井的标准图，规格要求及技术参数见表 8-6。

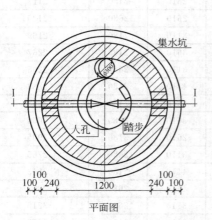
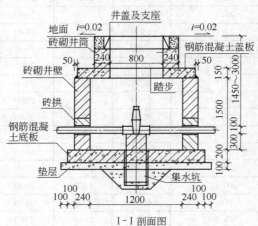

图 8-18 DN100 地面操作砖砌圆形立式井标准图

表 8-6 阀门井具体规格及技术参数

结 构 形 式	阀门井形式	地下水	活 荷 载	阀门直径/mm
砖砌圆形井	立式闸阀井	无		50～600
钢筋混凝土矩形井		有		
砖砌圆形井	立式蝶阀井	无	过车道、汽车-20级重车	100～1800
	卧式蝶阀井			450～1800
钢筋混凝土矩形井	立式蝶阀井	有		100～1800
	卧式蝶阀井			450～1800

三、水表井

水表是计量用水量的仪表。目前建筑给水系统采用较多的是旋翼式、螺翼式水表。水表及其前后设置的闸门、泄水装置等总称为水表节点。对于不允许断水的用户一般采用有旁通管的水表节点；对于那些允许在短时间内停水的用户，可以采用无旁通管的水表节点。为了保证水表前水流平稳，计量准确，螺翼式水表前应有长度为 8～10 倍水表公称直径的直管段。其他类型水表的前后，则应有不小于 300mm 的直线管段。

水表井用于安装水表及其前后设置的闸门和泄水装置。水表井的结构和形式与水表型号及安装方式有关。在识读水表井标准图时，应注意以下几点：

① 水表井的形式、尺寸、材质及施工方法；

② 水表的型号、是否有旁通管、是否有泄水装置以及接管的方法和管径；

③ 水表前后阀门的个数、型号和阀门直径等。

图 8-19 是 $DN100$ 水表的砖砌矩形水表井（不带旁通）标准图，规格要求及技术参数见表 8-7。

表 8-7 水表井规格及技术参数

材 质	平面形状	地下水	活 荷 载	管道直径 DN/mm	备 注
砖砌	圆形	无	非过车道、绿地、汽车-10级重车	15～40	
	矩形	无	非过车道、汽车-10级重车	50～200	不带旁通
					带旁通
钢筋混凝土	矩形	有	非过车道、汽车-10级重车	50～400	不带旁通
		无			带旁通

四、检查井（窨井）

在小区室外排水管道上必须设置检查井（窨井），供管道连接和定期检查清通。检查井（窨井）通常设在管道交汇、转弯、管径或坡度改变、跌水等处。在直线管道段上，为清通管道方便，相隔一定距离也要设置检查井（窨井），其间距与管径有关。表 8-8 为检查井

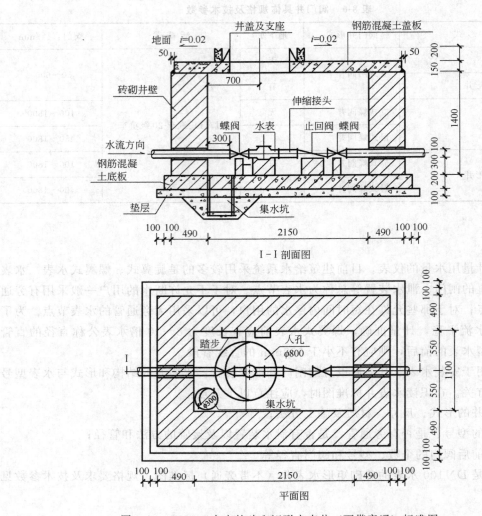

图 8-19 DN100 水表的砖砌矩形水表井（不带旁通）标准图

（窨井）设置最大间距。

表 8-8 检查井（窨井）设置最大间距

管径/mm	最大间距/m		管径/mm	最大间距/m	
	污水管道	雨水管和合流管道		污水管道	雨水管和合流管道
150	20		400	30	40
200～300	30	30	≥500		50

各类检查井均有标准图，标准图对井的外形、材质及施工方法都标注得非常详细。在识读检查井的标准图时，应对照实际工程进行详读。表 8-9 为检查井类型和适用条件，图8-20为 500mm×500mm 的方形砖砌检查井的标准图，图 8-21 为 $\phi700$ 的圆形砖砌检查井的标准图。

表 8-9 检查井类型和适用条件

检查井类型	井径/mm	适用管径/mm	井深/mm
砖砌(混凝土)方形雨、污水检查井	500×500	$D \leqslant 200$	$H_1 \leqslant 1500$
	600×600	$D \leqslant 300$	$H_1 \leqslant 1500$
	700×700	$D \leqslant 400$	$H_1 \leqslant 1500$
砖砌圆形雨水检查井	$\phi 700$	$D \leqslant 400$	$H_1 \leqslant D+1000$
	$\phi 1000$	$D = 200 \sim 600$	$H_1 \leqslant D+4000$
砖砌圆形污水检查井	$\phi 700$	$D \leqslant 400$	$H_1 \leqslant D+1000$
	$\phi 1000$	$D = 200 \sim 600$	$H_1 \leqslant D+6000$

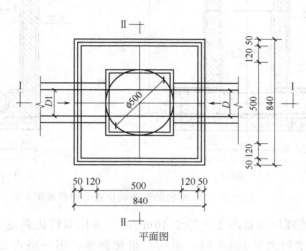

平面图

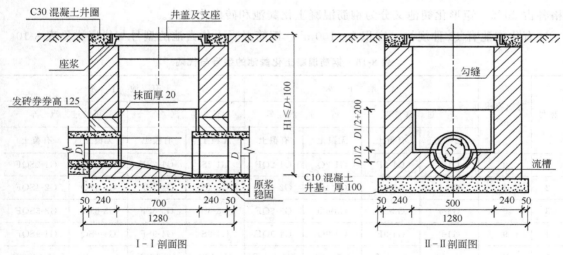

I-I 剖面图 　　　　　　　　　　　 II-II 剖面图

图 8-20　500mm×500mm 的方形砖砌检查井的标准图

五、化粪池

化粪池是一种利用沉淀和厌氧发酵原理去除生活污水中悬浮性有机物的处理设施，属于初级的过渡性生活污水处理构筑物。化粪池有矩形和圆形两种，常用的是矩形化粪池。对于

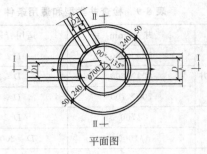

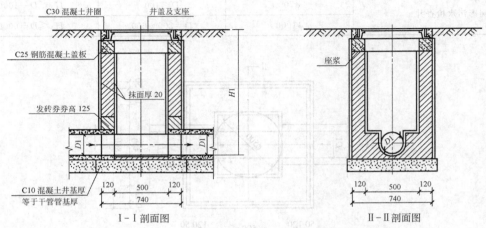

图 8-21   ф700 的圆形砖砌检查井的标准图

矩形化粪池,当日处理污水量小于或等于 10m³ 时,采用双格化粪池,其中第一格占总容积的 75%;当日处理水量大于 10m³ 时,采用三格化粪池,第一格占总容积的 60%,其余两格各占 20%。矩形化粪池又分为钢筋混凝土化粪池和砖砌化粪池。

有化粪池有 13 种规格,容积 2~100m³,钢筋混凝土化粪池的型号与代码详见表 8-10。

表 8-10   钢筋混凝土化粪池的型号与代码

型号	有效容积 /m³	无 地 下 水				有 地 下 水			
		不 过 汽 车		可 过 汽 车		不 过 汽 车		可 过 汽 车	
		无覆土	有覆土	无覆土	有覆土	无覆土	有覆土	无覆土	有覆土
1	2	G1-2	G1-2F	G1-2Q	G1-2QF	G1-2S	G1-2SF	G1-2SQ	G1-2SQF
2	4	G2-4	G2-4F	G2-4Q	G2-4QF	G2-4S	G2-4SF	G2-4SQ	G2-4SQF
3	6	G3-6	G3-6F	G3-6Q	G3-6QF	G3-6S	G3-6SF	G3-6SQ	G3-6SQF
4	9	G4-9	G4-9F	G4-9Q	G4-9QF	G4-9S	G4-9SF	G4-9SQ	G4-9SQF
5	12	G5-12	G5-12F	G5-12Q	G5-12QF	G5-12S	G5-12SF	G5-12SQ	G5-12SQF
6	16	G6-16	G6-16F	G6-16Q	G6-16QF	G6-16S	G6-16SF	G6-16SQ	G6-16SQF
7	20	G8-20	G8-20F	G8-20Q	G8-20QF	G8-20S	G8-20SF	G8-20SQ	G8-20SQF
8	25	G8-25	G8-25F	G8-25Q	G8-25QF	G8-25S	G8-25SF	G8-25SQ	G8-25SQF
9	30	G9-30	G9-30F	G9-30Q	G9-30QF	G9-30S	G9-30SF	G9-30SQ	G9-30SQF

续表

型号	有效容积/m³	无地下水				有地下水			
		不过汽车		可过汽车		不过汽车		可过汽车	
		无覆土	有覆土	无覆土	有覆土	无覆土	有覆土	无覆土	有覆土
10	40	G10-40	G10-40F	G10-40Q	G10-40QF	G10-40S	G10-40SF	G10-40SQ	G10-40SQF
11	50	G11-50	G11-50F	G11-50Q	G11-50QF	G11-50S	G1l-50SF	G11-50SQ	G11-50SQF
12	75		G12-75F		G12-75QF		G12-75SF		G12-75SQF
13	100		G13-100F		G13-100QF		G130-100SF		G13-100SQF
12a	75		G12a-75F		G12a-75QF		G12a-75SF		G12a-75SQF
13a	100		G13a-100F		G13a-100QF		G13a-100SF		G13a-100SQF
C1	6	GC1-6	GC1-6F	GC1-6Q	GC1-6QF	GC1-6S	GC1-6SF	GC1-6SQ	GC1-6SQF
C2	12	GC2-12	GC2-12F	GC2-12Q	GC2-12QF	GC2-12S	GC2-12SF	GC2-12SQ	GC2-12SQF
C3	20	GC3-20	GC3-20F	GC3-20Q	GC3-20QF	GC3-20S	GC3-20SF	GC3-20SQ	GC3-20SQF
C4	30	GC4-30	GC4-30F	GC4-30Q	GC4-30QF	GC4-30S	GC4-30SF	GC4-30SQ	GC4-30SQF

表 8-10 中化粪池型号及代码的意义如下：

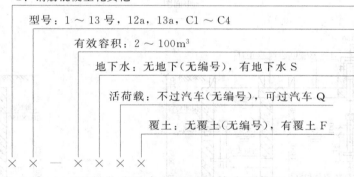

例如，型号为 G13a-100SQF 化粪池各代码的具体含义如下：

G——钢筋混凝土化粪池；

13——13 号化粪池；

a——表示双池；

100——有效容积 100m³；

S——有地下水；

Q——可过汽车；

F——有覆土。

例如型号为 GC2-12 化粪池各代码的具体含义如下：

G——钢筋混凝土化粪池；

C——表示沉井式；

2——2号化粪池；

12——有效容积 12m³。

每个型号的化粪池都有标准图。在识读化粪池标准图时，应结合实际工程弄清选用化粪池的型号代码，注意化粪池外形尺寸、材质、覆土厚度、车荷载、地下水情况以及接管管径与标高等。图 8-22 为1号钢筋混凝土化粪池（无覆土）。表 8-11 为钢筋混凝土化粪池进水管管内底埋置深度及占地尺寸。

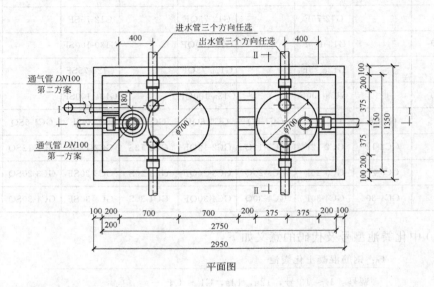

平面图

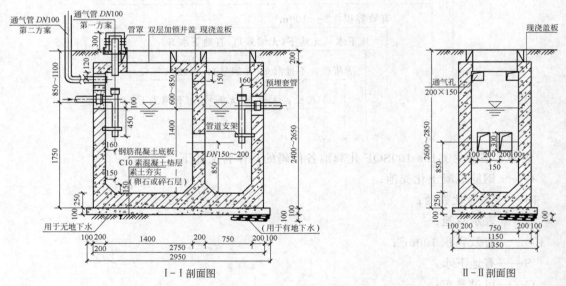

I－I 剖面图　　　　　　　Ⅱ－Ⅱ 剖面图

图 8-22　1号钢筋混凝土化粪池的标准图（无覆土）

六、隔油池

隔油池用于截流水中的油。公共食堂和饮食业排放的污水中含有植物油和动物油脂，当

表 8-11 钢筋混凝土化粪池进水管管内底埋置深度及占地尺寸

型 号	有效容积 /m³	覆土情况	进水管管 内底埋深	占地尺寸/mm		
				长 度	宽 度	深 度
1	2	无	850～1100	2950	1350	2700～2950
		有	1200～2500			3050～4350
2	4	无	850～1100	4800	1350	2700～2950
		有	1200～2500			3050～4350
3	6	无	850～1100	4800	1600	2800～3050
		有	1200～2500			3150～4450
4	9	无	850～1100	4800	2100	2800～3050
		有	1200～2500			3150～4450
5	12	无	850～1100	4800	2100	3300～3550
		有	1200～2500			3650～4950
6	16	无	850～1100	6000	2600	2900～3150
		有	1200～2500			3250～4550
7	20	无	850～1100	6000	3100	2900～3150
		有	1200～2500			3250～4550
8	25	无	850～1100	6000	3100	3300～3550
		有	1200～2500			3650～4950
9	30	无	850～1100	6000	3100	3700～3950
		有	1200～2500			4050～5350
10	40	无	850～1100	7400	3100	3800～4050
		有	1200～2500			4150～5450
11	50	无	850～1100	9000	3100	3800～4050
		有	1200～2500			4150～5450
12	75	有	1200～2500	12000	3200	4150～5450
13	100	有	1200～2500	13400	3700	4500～5800
12a	75	有	1200～2500	8860	5800	4100～5400
13a	100	有	1200～2500	10660	5800	4450～5750
C1	6	无	850～1100	3600	2500	3450～3700
		有	1200～2500			3800～5100
C2	12	无	850～1100	4200	3000	3950～4200
		有	1200～2500			4300～5600
C3	20	无	850～1100	5630	3000	4050～4300
		有	1200～2500			4400～5700
C4	30	无	850～1100	6450	3000	4450～4700
		有	1200～2500			4800～6100

含油量超过 400mg/L 的餐饮污水进入排水管道后，随着水温的下降，污水中夹带的油脂颗粒开始凝固，并黏附在管壁上，使管道过水断面减小，最后完全堵塞管道。所以，公共食堂和饮食业的污水在排入城市排水管网前，应采用隔油池去除污水中的可浮油（占总含油量的 65%～70%）。

汽车洗车台、汽车库及其他类似场所排放的污水中含有汽油、煤油、柴油等矿物油。汽油等轻油进入管道后挥发并聚集于检查井，达到一定浓度后会发生爆炸引起火灾，破坏管道，所以也应设隔油池进行处理。

隔油池有 4 种型号，餐饮用隔油池的型号与代码详见表 8-12。

表 8-12 餐饮用隔油池的型号与代码

隔油池型号	每餐就餐人数 /(人/餐)	设计流量 /(m³/h)	有效容积 /(m³/h)	顶面活荷载	覆土情况	池体材料	隔油池型号代码
Ⅰ型	200	2.67	0.60	汽车-10 级	无	砌砖池	ZG-101
					无	钢筋混凝土	GG-101
					有	砌砖池	ZGF-101
					有	钢筋混凝土	GGF-101
				汽车-超 20 级	无	钢筋混凝土	GG-201
					有	钢筋混凝土	GG-201
Ⅱ型	500	6.67	1.50	汽车-10 级	无	砌砖池	ZG-102
					无	钢筋混凝土	GG-102
					有	砌砖池	ZGF-102
					有	钢筋混凝土	GGF-102
				汽车-超 20 级	无	钢筋混凝土	GG-202
					有	钢筋混凝土	GGF-202
Ⅲ型	1000	13.33	3.00	汽车-10 级	无	砌砖池	ZG-103
					无	钢筋混凝土	GG-103
					有	砌砖池	ZGF-103
					有	钢筋混凝土	GGF-103
				汽车-超 20 级	无	钢筋混凝土	GG-203
					有	钢筋混凝土	GGF-203
Ⅳ型	1500	20.00	4.50	汽车-10 级	无	砌砖池	ZG-104
					无	钢筋混凝土	GG-104
					有	砌砖池	ZGF-104
					有	钢筋混凝土	GGF-104
				汽车-超 20 级	无	钢筋混凝土	GG-204
					有	钢筋混凝土	GGF-204

表 8-12 中隔油池型号代码的意义如下：

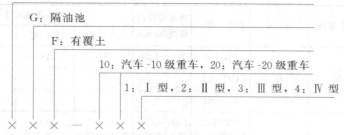

G：钢筋混凝土，Z：砖砌

G：隔油池

F：有覆土

10：汽车-10级重车，20：汽车-20级重车

1：Ⅰ型，2：Ⅱ型，3：Ⅲ型，4：Ⅳ型

$$\times\times\times-\times\times\times$$

例如，型号为 GGF-103 化粪池各代码的具体含义如下：

G——钢筋混凝土；

G——隔油池；

F——有覆土；

10——汽车-10级重车；

3——Ⅲ型。

每个型号的隔油池都有标准图。在识读隔油池图时，应结合实际工程弄清选用隔油池的型号代码，注意隔油池外形尺寸、池体材料、覆土厚度、车荷载以及接管管径与标高等。图 8-23 为餐饮用 GGF-201 隔油池的标准图。表 8-13 为餐饮用隔油池进水管管内底埋置深度及占地尺寸。

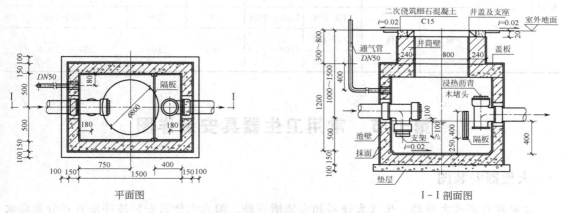

图 8-23　餐饮用 GGF-201 隔油池的标准图

表 8-13　餐饮用隔油池进水管管内底埋置深度及占地尺寸

型号	有效容积 /m³	覆土情况	地下水	代号	进水管管内底埋深/mm	占地尺寸/mm		
						长度	宽度	深度
Ⅰ型	0.60	无	有	ZG-101	750～1500	2440	2180	1400～2150
				GG-101	750～1500	2000	1500	1500～2250
				GG-201				
		有	有	ZGF-101	1000～1500	2440	1940	1650～2150
				GGF-101	1000～1500	2000	1500	1750～2250
				GGF-201				

续表

型号	有效容积 /m³	覆土情况	地下水	代号	进水管管内底埋深/mm	占地尺寸/mm		
						长 度	宽 度	深 度
Ⅱ型	1.50	无	有	ZG-102	750～1350	2940	2180	1750～2350
				GG-102	750～1500	2500	1500	1850～2600
				GG-202				
		有	有	ZGF-102	1000～1500	2940	2180	2000～2500
				GGF-102	1000～1500	2500	1500	2100～2600
				GGF-202				
Ⅲ型	3.00	无	有	ZG-103	850～1400	3440	2180	2350～2900
				GG-103	850～1600	3100	1600	2450～3200
				GG-203				
		有	有	ZGF-103	1100～1600	3440	1940	2600～3100
				GGF-103	1100～1600	3100	1600	2700～3200
				GGF-203				
Ⅳ型	4.50	无	有	ZG-104	850～1400	3940	2180	2650～3200
				GG-104	850～1600	3600	2100	2750～3500
				GG-204				
		有	有	ZGF-104	1100～1600	3940	2180	2900～3400
				GGF-104	1100～1600	3600	2100	3000～3500
				GGF-204				

第七节　常用卫生器具安装详图

一、大便器安装图

大便器有蹲式大便器、坐式大便器和大便槽三种。蹲式大便器安装按冲洗方式分为高水箱冲洗和自闭式冲洗阀冲洗。坐式大便器按其结构形式分为盘形和漏斗形、整体式（便器与冲洗水箱组装在一起）和分体式（便器本体与冲洗水箱单独设置）；按其安装方式分为落地式和墙壁式；按水箱的位置及安装方式分为挂箱式坐便器、坐箱式坐便器和水箱与便器为一体的连体式坐便器。图 8-24 为高水箱蹲式大便器安装图，图 8-25 为挂箱式坐便器安装图，图 8-26 为坐箱式坐便器安装图。

二、小便器安装图

小便器，按其构造和安装形式的不同，可分为斗式小便器、壁挂式小便器和落地式小便器；按其冲洗的方式不同，可分为自闭冲洗阀式和感应冲洗阀式。图 8-27 为自闭冲洗阀壁挂式小便器安装图，图 8-28 为感应冲洗阀壁挂式小便器安装图。

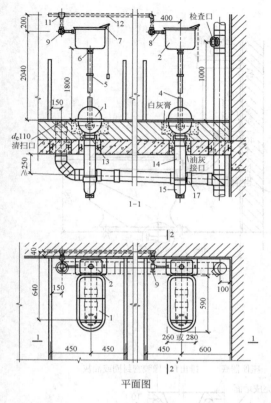

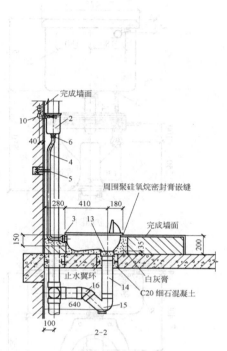

图 8-24　高水箱蹲式大便器安装图

1—蹲式大便器；2—高水箱；3—胶皮弯；4—冲洗管；5—管卡；6—水箱配件；7—拉手；
8—金属软管；9—角阀；10—弯头；11—三通；12—给水管；13—大便器接头；
14—排水支管；15—P形存水弯；16—45°弯头；17—顺水三通

三、洗脸盆安装图

洗脸盆按其安装方式的不同可分为托架式、背挂式、立柱式和台上式等几种。图 8-29 为托架式洗脸盆安装图，尺寸见表 8-14。

表 8-14　托架式洗脸盆尺寸　　　　　　　　　mm

代　号	A	B	C	E_1	E_2	E_3	E_4
尺寸	510	410	180	150	65	175	130
			190				
	560	460	190				
			200				
	610	510	200	180	70	200	150
			210				

四、洗涤盆（池）安装图

洗涤盆（池）是安装在厨房、餐厅或公共食堂内用于洗涤碗筷盘碟、瓜果蔬菜的卫生器

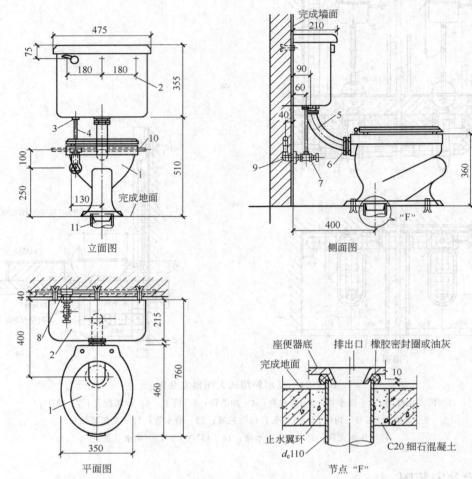

图 8-25　挂箱式坐便器安装图

1—坐便器；2—壁挂式低水箱；3—进水配件；4—水箱进水管；5—冲洗弯管；

6—锁紧螺母；7—角阀；8—三通；9—弯头；10—冷水管；11—排水管

具，按其安装方式可分为墙架式、柱脚式、台式；按其构造形式可分为单格、双格，有搁板和无搁板；按其制作材料的不同又可分为陶瓷、搪瓷制品和不锈钢制品等，还可与水磨石台板、大理石台板、瓷砖台板或塑料贴面的工作台组嵌成一体。图 8-30 为冷水龙头洗涤盆安装图。

五、污水盆（池）安装图

污水盆（池）是设置在公共建筑的厕所、盥洗室内，供清扫厕所、冲洗拖布、倾倒污水之用的卫生器具，有落地式和架空式两种。图 8-31 为落地式污水盆安装图。

六、浴盆与淋浴器的安装图

图 8-32 为单柄龙头普通浴盆安装图，图 8-33 为双柄淋浴龙头成品淋浴器安装图。

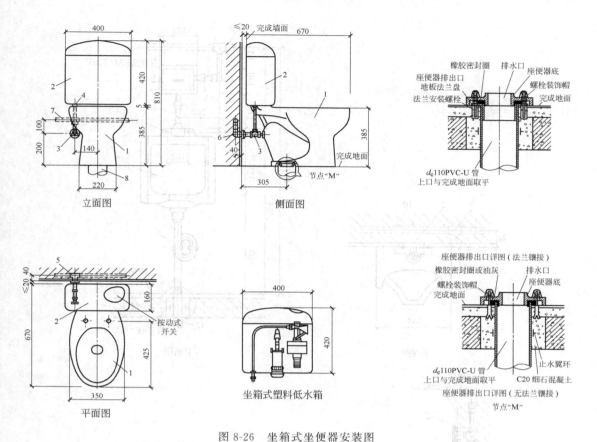

图 8-26 坐箱式坐便器安装图

1—坐便器；2—低水箱；3—角阀；4—进水配件；5—三通；6—弯头；7—给水管；8—排水管

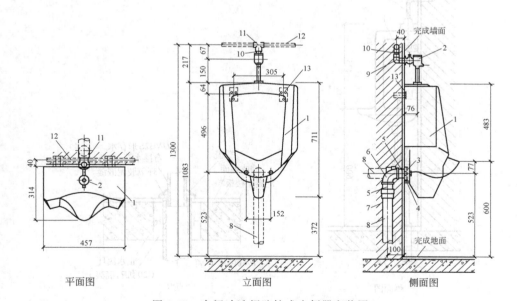

图 8-27 自闭冲洗阀壁挂式小便器安装图

1—壁挂式小便器；2—自闭式冲洗阀；3—橡胶止水环；4—排水法兰盘；5—短管；6，9—弯头；

7—转换接头；8—排水管；10，12—给水管；11—三通；13—挂钩

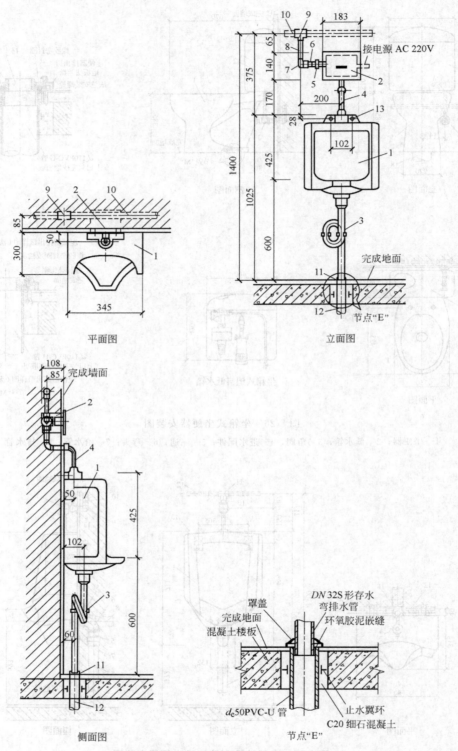

图 8-28　感应冲洗阀壁挂式小便器安装图

1—壁持式小便器；2—感应冲洗阀；3—存水弯；4—冲洗弯；5—活接头；6—连接短管；7—弯头；
8—进水管；9—三通；10—给水管；11—罩盖；12—排水管；13—套筒式膨胀螺栓

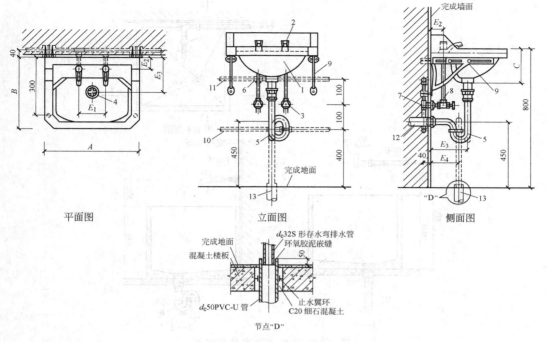

图 8-29 托架式洗脸盆安装图

1—托架式洗脸盆；2—陶瓷片式密封水龙头；3—角阀；4—排水栓；5—存水弯；6—三通；
7—弯头；8—连接短管；9—托架；10—冷水管；11—热水管；12、13—排水管

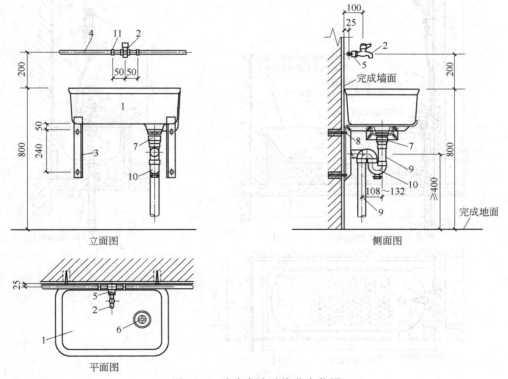

图 8-30 冷水龙头洗涤盆安装图

1—洗涤盆；2—龙头；3—托架；4—冷水管；5—三通；6—排水栓；7—转换接头；
8—螺栓；9—排水管；10—存水管；11—管卡

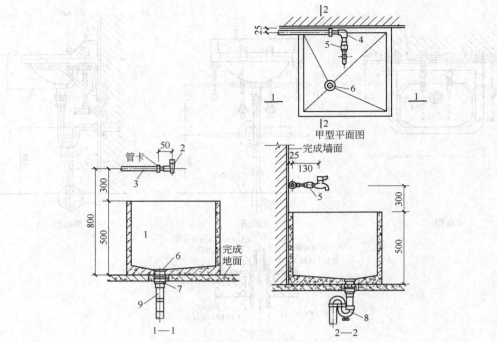

图 8-31　落地式污水盆安装图
1—污水池；2—水龙头；3—冷水管；4—弯头；5—管接头；6—排水栓；
7—转换接头；8—存水弯；9—排水管

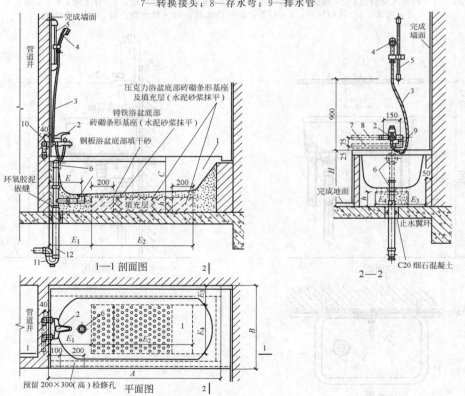

图 8-32　单柄龙头普通浴盆安装图
1—普通浴盆；2—单柄浴盆龙头；3—金属软管；4—手提式花洒；5—滑杆；6—排水配件；
7—冷水管；8—热水管；9，10—弯头；11—存水弯；12—排水管

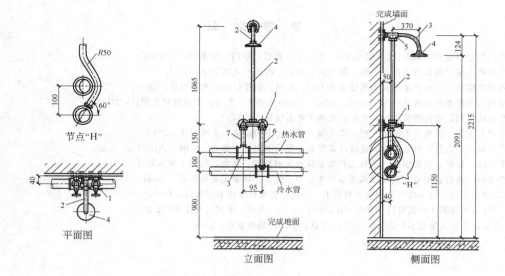

图 8-33　双柄淋浴龙头成品淋浴器安装图

1—双柄淋浴龙头；2—混合水管；3—异径三通；4—莲蓬头；5—三通固定座；6—冷水管；7—热水管

参　考　文　献

[1]　建筑给水排水制图标准（GB/T 50106—2010）. 北京：中国计划出版社，2010.

[2]　李亚峰主编. 建筑给水排水工程. 第二版. 北京：机械工业出版社，2011.

[3]　刘德明编著. 快速识读建筑给水排水施工图. 福州：福建科学技术出版社，2006.

[4]　建筑给水排水设计规范（GB 50015—2003）（2009 年版）. 北京：中国计划出版社，2009.

[5]　李亚峰主编，建筑消防工程. 北京：机械工业出版社，2013.

[6]　王增长主编. 建筑给水排水工程. 第 5 版. 北京：中国建筑工业出版社，2010.

[7]　李立强，李万胜，林圣源编. 建筑设备安装工程看图施工. 北京：中国电力出版社，2006.

[8]　李亚峰，杨辉，夏怡编著. 建筑工程给水排水实例教程. 北京：机械工业出版社，2011.

[9]　李亚峰，蒋白懿编著. 高层建筑给水排水工程. 北京：化学工业出版社，2004.

[10]　李金星主编，给水排水工程识图与施工. 合肥：安徽科学技术出版社，1999.

[11]　消防给水及消火栓系统技术规范 GB 50974—2014. 北京：中国计划出版社，2014.

[12]　建筑设计防火规范 GB 50016—2014. 北京：中国计划出版社，2014.